多元视域下水利工程项目管理与建设探究

孙祖金　著

东北大学出版社

·沈　阳·

ⓒ 孙祖金　2023

图书在版编目（CIP）数据

多元视域下水利工程项目管理与建设探究 / 孙祖金
著. 一 沈阳：东北大学出版社，2023.6
　　ISBN　978-7-5517-3270-3

　　Ⅰ．①多…　Ⅱ．①孙…　Ⅲ．①水利工程管理－项目管
理－研究②水利建设－研究　Ⅳ．①TV512

　　中国国家版本馆 CIP 数据核字（2023）第 096456 号

────────────────────────────────────

出 版 者：东北大学出版社
　　　　　地址：沈阳市和平区文化路三号巷 11 号
　　　　　邮编：110819
　　　　　电话：024－83680176（编辑部）　83687331（营销部）
　　　　　传真：024－83687332（编辑部）　83680180（营销部）
　　　　　网址：http://www.neupress.com
　　　　　E-mail: neuph@neupress.com
印 刷 者：沈阳市第二市政建设工程公司印刷厂
发 行 者：东北大学出版社
幅面尺寸：185 mm×260 mm
印　　张：11.25
字　　数：226 千字
出版时间：2023 年 6 月第 1 版
印刷时间：2023 年 6 月第 1 次印刷
责任编辑：白松艳
责任校对：刘桉彤
封面设计：潘正一
责任出版：唐敏志
────────────────────────────────────
ISBN　978-7-5517-3270-3　　　　　　　　　　定　价：68.00 元

前　言

　　水利工程是国民经济的基础工程，是水资源合理开发、有效利用和水旱灾害防治的主要工程措施。在解决我国水资源短缺、洪涝灾害、水土流失等问题方面，水利工程的建设与实施具有无可替代的重要作用。随着我国建筑业管理体制改革的不断深化，以工程项目管理为核心的中国水利水电施工管理体制产生了很大的变化，这就要求对施工项目进行规范、科学的管理。

　　水利工程管理人员在施工过程中，要处理好各因素之间的关系，确保水利工程的正常顺利实施。做好水利工程项目管理工作是提高经济效益及社会效益的有效保障，也是实现水利工程可持续发展目标的前提条件。基于此，特撰写《多元视域下水利工程项目管理与建设探究》一书，希望本书有助于相关工程的推动和进展。

　　本书主要从三个部分对现代水利工程项目管理进行详细阐述。第一部分为水利工程建设的理论部分，包括水利工程建设概述、水利工程建设相关类型；第二部分论述水利工程项目的管理，包括水利工程建设项目环境保护、水利工程项目管理模式、水利工程项目质量管理、水利工程建设项目成本管理、水利工程建设项目安全管理、水利工程建设项目合同管理；第三部分论述如何对水利工程建设项目管理进行创新。

　　需要说明的是，水利工程项目管理与建设并不止于本书的内容，特别是其中的某些项目管理方法、测评技术等随着科技的发展而不断进步，还需要项目管理者根据现实情况合理利用。

　　本书在撰写过程中得到了相关领导的支持和鼓励，同时参考和借鉴了有关专家、学者的研究成果，在此表示诚挚的感谢！

　　由于著者水平有限，书中难免存在疏漏与不妥之处，欢迎广大读者批评指正！

著　者

2023 年 3 月

目 录

第一章　水利工程建设概述 ……………………………………………… 1

　第一节　水利工程分类 ………………………………………………… 1

　　一、按照性能和效用分类 …………………………………………… 1

　　二、按照受益范围分类 ……………………………………………… 3

　　三、按照规模大小分类 ……………………………………………… 3

　第二节　水利工程的各项制度与法人构建 ………………………… 4

　　一、水利工程法人制度的进展与变革 ……………………………… 4

　　二、公益类水利建设项目法人责任制实行情况 …………………… 5

　　三、水利工程建设项目法人管理的主要模式 ……………………… 6

　　四、项目法人的组织形式及主要职责 ……………………………… 7

第二章　水利工程建设相关类型 …………………………………… 10

　第一节　地基处理工程 ……………………………………………… 10

　　一、土基处理 ………………………………………………………… 10

　　二、岩基处理 ………………………………………………………… 11

　　三、基础与地基的锚固 ……………………………………………… 13

　第二节　导截流工程 ………………………………………………… 14

　　一、截流施工 ………………………………………………………… 14

　　二、施工排水 ………………………………………………………… 16

　第三节　土石坝工程 ………………………………………………… 18

　　一、坝料规划 ………………………………………………………… 18

　　二、土石料开采和运输 ……………………………………………… 19

　　三、土石料压实 ……………………………………………………… 22

　　四、土料防渗体坝 …………………………………………………… 23

　第四节　重力坝工程 ………………………………………………… 26

一、重力坝施工导流的基本方法 ·························· 26

二、重力坝施工总体布置 ································ 30

第五节　水　闸 ··· 33

一、水闸的施工导流与地基开挖 ······················ 33

二、水闸施工中的混凝土浇筑顺序 ···················· 33

三、止水与填料施工 ·································· 34

四、闸底板施工 ······································ 34

五、闸墩与胸墙施工 ·································· 36

六、门槽二期混凝土施工 ······························ 37

第三章　水利工程建设项目环境保护 ······················ 38

第一节　概　述 ··· 38

一、环境管理术语 ···································· 38

二、环境管理 ·· 40

三、施工过程的环境保护 ······························ 42

第二节　水利工程建设项目环境保护要求 ···················· 47

一、环境保护法治和制度 ······························ 47

二、建设项目环境保护 ································ 49

三、建设项目环境保护程序 ···························· 53

第三节　水利工程建设项目水土保持管理 ···················· 55

一、水土流失概述 ···································· 55

二、水土保持 ·· 56

三、水土保持方案编报审批规定 ······················ 58

第四节　水利工程文明施工 ·································· 60

一、文明施工的组织与管理 ···························· 60

二、现场文明施工的基本要求 ·························· 60

三、水利工程建设项目文明施工要求 ···················· 61

第四章　水利工程项目管理模式 ·························· 63

第一节　工程项目管理概述 ·································· 63

一、工程项目管理的定义与特点 ······················ 63

二、工程项目管理的任务 ······························ 64

第二节　我国水利工程项目管理模式的选择 ···················· 65

一、水利工程项目管理模式选择的原则 ···················· 65

二、不同规模水利工程项目的模式选择 ……………………………… 66

三、不同投资主体的水利工程模式选择 ……………………………… 66

第三节　水利工程项目管理模式发展的建议 ……………………………… 67

一、创建国际型工程公司和项目管理公司 ……………………………… 67

二、我国水利工程项目管理模式的选择 ……………………………… 69

第五章　水利工程项目质量管理 …………………………………… 73

第一节　质量管理相关概念 ……………………………………………… 73

一、质量与施工质量 …………………………………………………… 73

二、质量管理与施工质量管理 ………………………………………… 73

三、质量控制与施工质量控制 ………………………………………… 74

四、质量管理与质量控制的关系 ……………………………………… 74

第二节　质量管理体系 …………………………………………………… 74

一、质量保证体系 ……………………………………………………… 74

二、施工企业质量管理体系 …………………………………………… 77

第三节　质量控制与竣工验收 …………………………………………… 82

一、质量控制 …………………………………………………………… 82

二、施工准备的质量控制 ……………………………………………… 84

三、施工过程的质量控制 ……………………………………………… 88

四、工程施工质量验收的规定与方法 ………………………………… 89

第四节　工程质量事故处理 ……………………………………………… 94

一、工程质量事故分类 ………………………………………………… 94

二、施工质量事故处理方法 …………………………………………… 95

第五节　工程质量统计分析方法 ………………………………………… 98

一、分层法 ……………………………………………………………… 98

二、因果分析图法 ……………………………………………………… 98

三、排列图法 …………………………………………………………… 99

第六章　水利工程建设项目成本管理 …………………………… 101

第一节　施工成本的主要形式 …………………………………………… 101

一、按照成本控制需要划分 …………………………………………… 101

二、按照成本核算需要划分 …………………………………………… 102

三、按照成本预测需要划分 …………………………………………… 102

第二节　施工成本管理的内容 …………………………………………… 102

一、施工项目成本预测 ………………………………… 103

二、施工项目成本计划 ………………………………… 105

三、施工项目成本控制 ………………………………… 105

四、施工项目成本核算 ………………………………… 110

五、施工项目成本分析 ………………………………… 110

六、施工项目成本考核 ………………………………… 111

第三节　施工成本管理的基本工作 ……………………… 111

一、强化施工项目成本治理观念 ……………………… 111

二、加强定额管理 ……………………………………… 111

三、创建和健全原始记录与统计工作 ………………… 112

四、加强计量及验收制度 ……………………………… 112

五、建立和健全各类责任机制 ………………………… 113

第四节　降低施工项目成本的途径 ……………………… 113

第七章　水利工程建设项目安全管理 ………………… 115

第一节　施工安全因素 …………………………………… 115

一、确定安全因素的要点 ……………………………… 115

二、安全因素辨识的具体方式 ………………………… 115

第二节　安全管理体系 …………………………………… 117

一、安全管理体系的具体内容 ………………………… 117

二、安全管理体系建立步骤 …………………………… 119

第三节　施工安全控制 …………………………………… 120

一、安全操作要求 ……………………………………… 120

二、安全控制要素 ……………………………………… 122

第四节　安全应急预案 …………………………………… 125

一、重大事故应急预案 ………………………………… 125

二、应急预案的编纂与制定 …………………………… 126

三、应急预案的实质 …………………………………… 128

四、应急预案制定的具体过程 ………………………… 129

五、应急预案管理 ……………………………………… 133

第八章　水利工程建设项目合同管理 ………………… 135

第一节　项目合同管理概述 ……………………………… 135

一、我国工程项目合同管理的发展 …………………… 135

二、合同文件与合同管理的依据 ·· 136

第二节 监理人在合同管理中的作用和任务 ·································· 136

一、监理人的作用 ··· 137

二、监理人的任务 ··· 138

第三节 施工准备阶段的合同管理 ·· 139

一、提供施工条件 ··· 139

二、检查承包人施工准备情况 ·· 140

第四节 施工期的合同管理 ··· 140

一、工程进度管理 ··· 140

二、现场作业和施工方法的监督与管理 ·· 144

三、工程质量控制 ··· 146

四、合同项目变更 ··· 149

第五节 合同验收与工程保修 ·· 151

一、合同验收 ·· 151

二、工程保修 ·· 152

第九章 水利工程建设项目管理创新 ·· 154

第一节 水利工程建设项目管理绩效考核 ······························· 154

一、工程建设管理的目标与关联 ··· 154

二、工程项目管理职责 ·· 154

三、水利工程项目管理条件 ·· 155

四、水利工程项目管理的分类 ·· 155

五、水利工程建设项目绩效考核相关注意事项 ································ 155

第二节 灌区水利工程项目建设管理探讨 ······························· 156

一、完成灌区建设与管理的体制改革 ·· 156

二、参与灌区制度管理 ·· 157

三、项目施工管理 ··· 157

四、工程计量支付与基础设施建设费用 ·· 158

五、加强灌区信息化管理 ··· 158

第三节 水利工程维修项目建设管理 ··· 159

一、我国水利工程维修管理中存在的问题 ······································ 159

二、提高水利工程维修项目管理效果的措施和建议 ·························· 160

第四节 水利工程建设项目的建造价格管控 ····························· 161

一、影响水利建造价格的原因 ·· 161

二、工程建造价格的管控 ···································· 162

第五节　水利工程建设项目招投标管理 ···················· 163

一、招投标管理存在的问题 ······························ 163

二、问题解决措施 ······································ 164

参考文献 ·· 165

后　记 ·· 167

第一章　水利工程建设概述

第一节　水利工程分类

根据性能、效用、投资来源及规模大小的不同，水利工程可以有多种分类方法。如果以水利工程的性能和效用为标准，可以将其分为甲类（公益类项目）和乙类（准公益类项目和经营类项目）；按照受益范围可分为中央项目和地方项目；按照规模大小可分为大中型项目和小型项目。

一、按照性能和效用分类

依据性能和效用的不同，可以把水利工程的建设类别分成甲类（公益类项目）、乙类（准公益类项目和经营类项目）。

（一）公益类项目

公益类项目一般指的是具有防洪、排涝、抗旱和水资源处理等社会公益性经营功能和服务功能，但是不能收获相应经济回馈的水利工程。比如堤防建设、河道治理、蓄洪区安全开发、维护水资源、贫困区域人畜饮水、防汛通信、水文建设等。

公益类水利工程的基础特性如下。

（1）经济学特性。

众所周知，公益类水利工程是具有代表性的公有物品，所以其经济学特性一般体现为以下几点。

第一，工程的国家主体性。公益类水利工程拥有十分显著的社会和生态方面的效益，而比较直接的经济效益并不鲜明甚至几乎不存在，不过它间接的经济效益十分清晰，再加上投资的规模并不小，这就意味着私人不能或者没有意向进入公益类水利工程领域投资，公益类水利工程只能依赖政府通过集中收取税费和财政预算的方法来定夺供应数目，所以在公益类水利工程项目的投资中，国家占据了主要部分。

第二，消费的非竞争性。什么是消费的非竞争性？一般来说，其余的受益者获得的效益不会因为受益者数量变多而降低，换一种说法就是受益者数量变多而引发的社会边际成本是不存在的。关于公益类水利工程效益享受方面，所有受益者都可以收获一样的效益，并且他们之间是不会互相影响的。但是，即使新添受益者的边际费用不存在，供应给公益类水利工程的开销仍是存在的，这方面的费用一定由政府采取某种途径进行补偿。

第三，消费的非排他性。正如经济学里所说的"灯塔效应"，尽管公益类水利工程保护区里的一众企业事业单位，以及大部分城乡居民都得到了生命财产安全的保障和收益，但实际上要他们为此承担开销和挑起责任的重担并非简单的事，这就是公有物品消费里的"搭便车"现象。所以，市场交换是公益类水利工程的一大难点，企业普遍不愿意也没有能力供应这类产品和服务。

第四，生产中的自然垄断性。水利工程的自然垄断性来源于其规模经济性，与此同时，又因为公有物品消费的非竞争性和非排他性，政府自然而然地占据了生产和供应公有物品行为的主要部分，在产出和提供公有物品方面几乎不会发生像私有商品一样的激烈竞争，因此有效竞争性被消除了，当然，这也会使效率不高和资源浪费的情况发生。因为没有市场竞争来管理和束缚，为了促使公益类水利工程的质量更高、工期缩短和资金使用效率提升，不得不进行某些形式的外界干预。

（2）财务特点。

第一，项目自身无法直接创造财富，只能消除负面影响或者降低可能的亏损。换一种说法，公益类水利工程自身是不具备财务效益的，所以这类水利工程无法简单地完全根据市场经济法则来运作。

第二，基于洪水的随机性，项目自身无法保证稳定地降低灾害效益。比如临淮岗洪水控制工程，该工程可以把淮河中游正阳关以下地区的防洪标准提升至重现期为百年，可若是不发生百年一遇的大洪水，这个项目不仅收不到一丁点儿的经济效益，反而还要每年承担大量的维持建设开支。

（3）管理特点。

第一，工程建设的行政管理力度大。国家之所以会作为公益类水利工程创建和运作的主要部分，是因为前面所提到的公益类水利工程的特点。工程的立项、筹划、安排与审核批准都离不开国家各级主管部门的严格把关，而各级策划、建设、财务、监督、审计等部门要按照自己的职权范围对工程项目的建设单位严格执行国家相关法律法规、行政准则和方针政策，对建设项目的招标投标、项目品质、进展程度等状况，资金的运用，概算控制真实、合法与否，还有单位主要执掌人员的相关经营管理行为做好行政管理和监察。此外，公益类水利工程创造的社会效益和间接经济效益固然非常丰厚，可是其对局部地区及部分人的利益反而有概率造成损失。所以，在工程建造的过程中需要经常进行一些调节，有许多麻烦不能依靠经济方法处理。地方政府要建立工程项目协作调解机构，结合各种方式手段，以行政手段为主，辅以经济手段，对工程建设的外界环境进行调节和保护，这也是公益类水利工程项目经营管理的最大特点之一。

第二，相关建设有概率存在分阶段的责任主体。在工程开始前的立项时期，工程要不要兴建、怎么兴建，以及技术是否可用等方面，主要集中在工程建设的决议上。进入项目的整体实施期间，工程管理会重点聚焦于建立工程实施的"三方面控制、两方面处理、一方面调节"，即控制进程、控制投资、控制质量，处理合同、处理信息，以及调节各方关系。对项目的管制更多地侧重于组织、控制、调节方面，时间方面也存在要求。在工程完成后的最后一个管理步骤，重点是保证项目优良，依据正确的调度准则来调度运营，施展项目的作用，这个阶段对于项目管理而言是较为程序化的。可以根据各个阶段自身的特点选择对应的责任主体负责建设管理。

（二）准公益类项目

准公益类项目与公益类项目有区别，顾名思义，准公益类项目是指不仅具有社会效益，还具有经济效益，但以社会效益为主的水利工程。比如综合利用的水利枢纽（水库）工程、大型灌区节水改造工程等。

（三）经营类项目

经营类项目是指以经济效益为主的水利项目。如城市供水、水力发电、水库养殖、水上旅游及水利综合经营等。

二、按照受益范围分类

水利工程建设工程按照其受益的范围来区分，可以分成中央水利基本建设项目（简称中央项目）和地方水利基本建设项目（简称地方项目）。

（一）中央项目

中央项目一般是指对全国人民经济、社会平稳和生态环境有重要作用的防治洪水、水资源配备、水土维持、生态建设、水资源保护等工程，或中央认为负有直接建设责任的工程。在审核批复项目建议书或可行性研究报告时，规定中央项目由水利部（或流域机构）负责构建并担当相应的职责。

（二）地方项目

地方项目是指只有局部受益的防治洪水、治理排涝、城市防洪、灌溉排水、河道治理、供水、水土保持、水资源保护、中小型水电建设等项目。地方项目在审批项目建议书或可行性研究报告时，明确规定由地方人民政府负责组织建设并承担相应责任。

三、按照规模大小分类

（一）按照水利部的管理规定划分

水利基本建设项目根据其规模和投资额大小分为大中型项目和小型项目。

（1）大中型项目是指满足下列条件之一的项目。

① 堤防工程：一、二级堤防。② 水库工程：总库容 1 亿立方米以上。③ 水电工程：电站总装机容量 5 万千瓦以上。④ 灌溉工程：灌溉面积 200 平方千米以上。⑤ 供

水工程：日供水 10 万吨以上。⑥ 总投资在国家规定限额（3000 万元）以上的项目。

（2）小型项目是指上述规模标准以下的项目。

（二）按照水利行业标准划分

根据《水利水电工程等级划分及洪水标准》（SL 252—2017）来看，中型水库的整体库容在 0.1 亿~1.0 亿立方米，整体库容大于 1 亿立方米的为大型水库；中型灌区的灌区工程项目灌溉面积在 33.33~333.33 平方千米，如果灌溉面积大于 333.33 平方千米，则为大型灌区；根据供水工程项目工程规模分类，拦河闸工程项目过闸流量在 100~1000 m^3/s 的为中型项目，过闸流量大于 1000 m^3/s 的为大型项目。

第二节　水利工程的各项制度与法人构建

一、水利工程法人制度的进展与变革

水利工程建设项目法人从 20 世纪 90 年代初期开始存在，在编订制作相关规章制度与具体内容的实践里，经过了由产生、实验、成形到慢慢发现存在的问题一系列发展进程，近期正处于问题与麻烦全部显露的时期，解决问题刻不容缓。否则，水利建设行业在当下市场经济中的发展进程会受到不小的影响。

1992 年，国家计划委员会颁发了《关于建设项目实行业主责任制的暂行规定》，首次实际提议项目业主（项目投资方组建的项目管理组织）有对从工程建造的策划、资金筹备、安排计划、建设实行一直到生产经营、归还贷款及债券本息等全方位的职责，并且要对投资可能存在的不确定性风险负责，要求从 1992 年起对全部建设项目实行项目业主责任制。

为了进一步推行项目业主责任制，1996 年，国家计划委员会颁布了《关于实行建设项目法人责任制的暂行规定》，要求项目投资方严格根据《中华人民共和国公司法》的规定，在建造时期组织构建项目法人，项目法人对项目的策划、资金筹备、实际建造、生产经营、债务偿还和资产的保值增值等整个过程承担相应责任。

而此前，1995 年水利部颁布了《水利工程建设项目实行项目法人责任制的若干意见》，这也是初次对工程建造和经营体制进行转变，建设管理模式与国际统一，在工程建造与运营过程中利用现代企业制度来管理，要求生产经营性项目没有特殊情况都要实行项目法人责任制。直到 1998 年，经营性水利工程和大中型水利枢纽工程基本达成了依据项目法人责任制的规则进行建设管理。

1998 年，在整个长江流域发生大洪水以后，为了带动内需，保证全国经济不断发展，国家大量利用国债资金进行大规模的包含堤防建造在内的基本设施建设。1999 年，为达到保证工程高质量完成的目的，国务院办公厅下发《关于加强基础设施工程质量管理的通知》，规定除军事工程以外的所有基础设施项目都必须按照政企分开的原则组成项目法人，实行建设项目法人责任制。

2000年国务院批示转发了国家计划委员会、财政部、水利部、建设部《关于加强公益性水利工程建设管理的若干意见》，2001年水利部印发《关于贯彻落实加强公益性水利工程建设管理若干意见的实施意见》，专门对公益类水利工程建设实行项目法人责任制提出了不少细节详尽的条件。因此，把堤防工程作为核心的公益类水利项目工程，根据项目法人责任制的前提条件开展项目治理。

二、公益类水利建设项目法人责任制实行情况

公益类水利项目的效益、投入产出规律、产权归属等，与经营类项目有明显差别。因此，公益类水利项目的筹资建设和经营责任，难以由当代公司法人承担，应该在可行性研究计划中提议项目法人的筹划建设，在获得准许以后组建项目法人机构。除了项目的出资和运营、维护修理开支由政府拨给款项以外，项目法人要承担公益类水利工程的主要职责，包括项目的策划、建造实行、运营和资产保值。中央项目由水利部（或流域机构）承担组织构建项目法人的责任，地方项目由该项目所处地域的县级以上地方人民政府组织构建项目法人，项目法人应对项目的策划、建造实行、运营、维护修理、保管料理整个过程承担应有的责任，和主管部门签署投资包干协议，担起资产保值的职责。政府的主要任务是认真检验、监督包干的运行状况，拨给建造款项、运营和维护修理开支。

以前，公益类水利工程的建立和设置几乎都使用指挥部的建设管理方式，那个时期在某些方面确实有一点成效，可是其产生的亏损和效率低下的负面作用是没有办法评估的。主管部门和地方政府抽调人员组建了工程指挥部，这是一个非永久性的行政机构，它利用政府供给的大量资源，承担工程的建造设计、项目保管料理等多方面职责。在工程建设完成并经过检验、查收以后，将该工程移交某个指定的机构，让其承担运营管理的工作，指挥部也就尽到了职责。一方面，因为人员都是临时的，专业人员并不多，非本职的人员不少，组织比较懈怠放松，管理水平也较低。在项目完成以后，机构散伙，没有确切的、独立的单位对工程的整个进程承担责任，规划、建造、管理各方面彼此脱离，投资的效益也没人管，资金滥用严重。另一方面，政府参与整个建设过程的管理，没有办法从各种琐碎、混乱的大小事务中摆脱，因此政府不仅在建设管理中承担了没有上限的各种责任，而且作为监督管理部门的职能不断削减。1995年以后明确实行项目法人责任制，经营类项目法人由各投资方按照《中华人民共和国公司法》的规定来组建股东会、董事会与监事会等机构，法人机构组织健全，项目法人的责、权、利较为统一。而公益类工程法人由政府或主管部门组织构建，几乎所有工程都根据国家相关法律组织构建专业的、常设的法人机构，不仅有清晰的职能分工，组织、机构、人员、制度完善，而且和上级主管部门签署建设管理职责书，承担项目建设的投资、质量、进程等

各方面责任，实施效果较优。

可是，也有部分工程由各级行政领导和主管部门负责人组织构建项目法人领导班子，行政手段依然是项目管理的主要方法，经济手段作为辅助，其本质是行政领导责任制，政府在工程建设中起决定作用，在大部分工作的方法和手段上沿用了以前"指挥部"的某些措施和步骤，一些项目法人的构建十分不规范，达不到项目法人的要求，水平低下、管理混乱，这样的项目建设有很大的风险；对公益类工程法人没有一套具体可行的实行方案，仅仅参考经营类项目执行，没有形成一套规范的管理模式；项目法人责任制也仅仅提到了建造阶段的项目法人，工程整个进程的职责是不明确的，因此主要责任人是谁并不确定，法人的责、权、利也不清楚，法人行为混乱，缺少对项目法人的刚性限制和必要督查。如果不能高效完美地处理以上提到的几点，将会对水利工程建设质量和投资控制产生不可控制的风险和负面作用，公益类水利工程实行项目法人责任制的效用将会大大减弱。

三、水利工程建设项目法人管理的主要模式

目前，水利工程在确定项目法人时，一般根据工程的作用和受益范围确定是中央项目还是地方项目：如果是中央项目就由水利部或相关流域机构承担组织构建项目法人的任务；如果是地方项目就由地方政府承担组织构建项目法人的任务；至于那些投入资金高于 2 亿元的公益类或准公益类工程，就要求省级以上人民政府承担责任或委托组织构建项目法人。基于这种工作逻辑，当下我国水利工程建设项目法人一般可以分成下面几种组建模式。

（一）中央与地方强强联手建设模式

中央与地方联合创建的工程大部分是大型流域控制性骨干项目。这一类项目由中央与地方合作投资建立，水利部（或流域机构代水利部）掌控股权，水利部（或流域机构）和地方政府按照不同的付出资金之比共同组建项目法人单位，主要负责项目的建造及运营管理，并按照投入工程建设资本金比例进行效益分成；同时，为了快速解决项目建设中出现的多种多样的政策问题，调节中央与地方之间的利益关联，保证卓越的外界环境，水利部与工程所在省（自治区、直辖市）可建立工程建设领导小组，随时开展领导小组会议，旨在高效按时消除项目建设中可能产生的难题。中央与地方合作创建的工程所组建的项目法人根据不同工程的类别差异而存在不同。其中，公益类项目组建的项目法人单位为事业性质，准公益类项目组建的项目法人单位大部分是企业性质。

（二）中央独立建设模式

中央独立建设模式的工程一般投资额较大，且以公益类项目或以公益效益为主的项目居多，一般由中央出资，由水利部或流域机构组建项目法人来承担工程建设工作。例如，小浪底水利枢纽工程（以下简称小浪底工程）和西霞院反调节水库，由水利部组建的小浪底水利枢纽建设管理局担任项目法人；长江重要堤防隐蔽工程，由长江水利委

员会设立长江重要堤防隐蔽工程建设管理局承担整个建设流程的工作和职责；治淮工程，由淮河水利委员会设立治淮工程建设管理局来负责中央项目工程的建设和治理；黄河流域堤防工程，由黄河水利委员会清晰地确认市级黄河河务局来担任所辖黄河流域堤防工程建设项目法人。小浪底工程和西霞院反调节水库都隶属全新建造的枢纽工程，实施建设和管制两位一体；长江重要堤防隐蔽工程和治淮工程隶属建管分离的模式，建设期项目法人建成工程后就移交给管理单位；黄河堤一直是黄河水利委员会承担重点的建设和处理工作。

（三）地方独立建设模式

近几年来，大多数水利工程都采用地方依靠中央的资助，以地方政府或者地方水行政主管部门独立构建项目法人负责工程创建管制的建造形式，也就是地方独立建设模式。

（四）工程代建制经营模式

工程代建制，作为一种全新的建设观念其实不难理解，就是运营市场的资源顶替政府部门进行项目整体的创建管制工作，它并不需要以工程的所属或者规模为前提，而是以真实准确的市场观念替换传统的虚假市场模式，改善水利工程建设中依然存在的政府部门不仅是裁判而且是运动员的情况，真实地假借市场的"手"以达成工程建筑的帕累托[1]是最好的抉择。工程代建制的前提是经由专业化、市场化的建设运营方法，达到确保项目建设高质量并且把建设管制成本降到最低的目的。那些使用工程代建制的主体——企业性质的建设公司或事业性质的建设单位，从事水利工程的建设管理，运用的是自己身边的人才和管理资源。根据近几年的运营状况，其非间接收益源于项目的建设管制费用。如今，由于我国市场经济环境逐渐完善，以及人们的思维观念愈发进步，很多经济排名较为靠前的省市在水利工程建设管理体制改革方面已经历了前所未有的有效尝试。上海市建设体制改革首批 11 家代建制单位之一的上海市水利投资建设有限公司，如今已承建了许多国家和市重大项目；早在 2000 年之前，上海浦东机场建设中就已经发展出了水利队伍通过招投标承揽浦东机场海堤工程建设管理任务的工程实例，这也是早期水利工程代建制的建成形态。

四、项目法人的组织形式及主要职责

项目法人责任制是水利工程建设管理体制的核心制度。一个工程的建造离不开项目法人，项目法人也需要担负起工程建设管制运行的首要责任。根据《水利工程建设项目管理规定》（水建管〔1995〕128 号）、《国务院批转国家计委、财政部、水利部、建设部关于加强公益性水利工程建设管理若干意见的通知》（国发〔2000〕20 号）（以下简称《若干意见》）规定，任何一个水利工程建设项目都必须采用项目法人制度。

---

[1] 指帕累托法则。

（一）项目法人的组织形式

近年来开工的水利工程建设项目基本实行了项目法人制度。在实践过程中，由于项目性质不同，项目法人的类型和模式也有所不同。目前，主要有建设管理局制、董事会制、项目建设办公室制，以及已有项目法人建设制等模式。

1. 建设管理局制

建设管理局制是目前公益性和准公益性项目中最普遍的项目法人模式，单一建设主体的水利工程建设项目法人一般都采用这种模式。以水利部小浪底水利枢纽建设管理局为例，其是水利部构建的项目法人单位，主要工作是管理小浪底水利枢纽工程的资金筹备和建设管理，竣工后的运营、还贷等。淮河最大的控制性工程——临淮岗控制性工程由淮河水利委员会负责组建项目法人，即淮河水利委员会临淮岗控制性工程建设管理局负责该工程建设及竣工后的管理运行。长江重要堤防隐蔽工程建设管理局、嫩江右岸省界堤防工程建设管理局只负责工程建设，建成后交归地方运行管理。地方项目如辽宁省白石水库等，也属于这种建设管理体制。

2. 董事会制（下设有限责任公司负责工程建设和运营管理）

多个投资主体共同投资建设的公益类水利工程建设项目，一般采用董事会体制组建项目法人。黄河万家寨水利枢纽工程是首个使用此类体制的工程，由水利部、陕西省政府和内蒙古自治区政府一起投资建设，水利部新华水利水电投资公司、山西省万家寨引黄工程总公司和内蒙古自治区电力（集团）总公司联合提供资金，构建了黄河万家寨水利枢纽有限公司。公司实行董事会领导下的总经理负责制，负责工程的筹资、建设、运营管理、还贷工作，形成了万家寨建设管理模式。后来又采用同样的模式建设了嫩江尼尔基水利枢纽工程（水利部、黑龙江省政府、内蒙古自治区政府共同出资组建嫩江尼尔基水利水电有限责任公司）、广西百色水利枢纽工程（水利部和广西壮族自治区政府组建广西右江水利开发有限责任公司）。

3. 项目建设办公室制

项目建设办公室制一般很少采用，是近年来利用外资进行公益类水利工程项目建设采取的一种模式。如利用亚洲开发银行贷款松花江防洪工程建设项目、利用亚洲开发银行贷款黄河防洪项目，项目本身无法产生直接经济效益和承担还贷任务，贷款必须由国家财政部担保，统一向亚洲开发银行贷款，由中央财政和项目所在地有关省（自治区、直辖市）政府负责还贷。在项目实施阶段根据工程特点，设置相应的机构。

4. 已有项目法人建设制

已有项目法人建设制普遍运用于原有水利工程项目的加固改造，比如水库的除险加固、原有灌区的改造扩建、原有堤防工程的加高培厚等。在项目实施阶段，原管理单位就是建设项目的项目法人单位，这样既有利于工程建设的实施，又有利于竣工后的运行管理。

（二）项目法人的组建

项目法人是工程建设的主体，是项目由构想到实施的组织者、执行者。项目最终能否成功在很大程度上取决于项目法人的组建与否。

1. 应该何时组建项目法人

在普遍情况下，会在项目建议书审批答复之后组建水利工程建筑工程的法人，组建项目的筹建机构。待项目可行性研究报告批复（立项）后，根据项目性质和特点组建工程建设的项目法人。

2. 组建项目法人的审批和备案

组建项目法人要按照项目管理权限报上级主管部门审批和备案。

中央项目由水利部（或流域机构）负责组建项目法人。流域机构负责组建项目法人的，须报水利部备案。

地方项目由县级以上人民政府或委托的同级水行政主管部门负责组建项目法人，并报上级人民政府或其委托的水行政主管部门审批，其中2亿元以上的地方大型水利工程项目由项目所在地的省（自治区、直辖市）及国家计划单列市人民政府或其委托的水行政主管部门负责组建项目法人，任命法定代表人。

对于经营类水利工程建设项目，按照《中华人民共和国公司法》组建国有独资或合资的有限责任公司。

新建项目一般应按照建管一体的原则组建项目法人。除险加固、续建配套、改建扩建等建设工程，原管制单位基本符合项目法人前提条件的，规定由原管制单位作为项目法人或以其为基本组建项目法人。

3. 组建项目法人所需材料

组建项目法人需要上报的材料主要有：① 项目主管部门的名称。② 项目法人的名称及办公的具体地址。③ 法人代表和技术责任人各自的姓名、年龄、文化程度、专业技术职称。④ 机构设置、职责与功能及管制人员的具体状况。⑤ 重点规程和准则。

4. 项目法人的部门构成

水利工程建设项目在建设期一般需要设立以下部门：综合管理部门（或办公室）、财务部门、计划合同部门、工程管理部门、征地移民管理部门及物资管理和机电管理部门（根据工程特点按照需要和职责设立），大型项目还需设立安全保卫部门。

5. 项目法人的组织结构形式

项目法人的组织结构形式一般采用线性职能制，各部门按照职能进行分工，垂直管理。对于一个项目法人同时承担多个建设项目的，也可以按照矩阵组织结构模式管理。如长江重要堤防隐蔽工程建设管理局，主要承担28项长江重要堤防隐蔽工程，其项目位于湖北、湖南、安徽、江西等省。为了有效管理，长江重要堤防隐蔽工程建设管理局设立22个工程建设代表处作为工程项目法人的现场派出机构，全过程负责施工现场管理。

第二章 水利工程建设相关类型

第一节 地基处理工程

在工程和水文因素的影响下，天然地基会存在一定程度的缺陷，需要对其进行一定的处理，使其具有水利工程所需的强度、整体性和抗渗性等，因而需要对地基进行改造。

按照地层的特性一般可以将地基分为两个类别：一个类别是包括常见土基和砂砾石地基的软基；另一个类别是以岩石为主的岩基。自然地基的处理方法有很多种，开挖作为其中最为常见和基本的处理方法，会受到工期、开挖的花费、开挖的条件及使用的机械设备的性能等一系列客观因素的限制。因此，在现实处理地基的过程中，还需根据上述条件对地基处理的要求来决定哪种方法更适用。

一、土基处理

（一）换填法

换填法是将建筑物基础下的软弱土层或缺陷土层的局部或者整体挖掉，改用每平方米质量更大、受压力压缩体积变化较小、受外力作用不易变形、遇水稳定性好的天然或人工材料来填补，并分层夯（振、压）实至要求的密实度，达到改善地基应力分布、提高地基稳定性和减少地基沉降的目的。

换填法的处理对象主要是淤泥、淤泥质土、湿陷性土、膨胀土、冻胀土、杂填土地基。水利工程中常用的垫层材料有砂砾土、碎（卵）石土、灰土、壤土、中砂、粗砂、矿渣等。近年来，土工合成材料加筋垫层因为良好的处理效果而受到重视，并得到广泛应用。换土垫层与原土相比，优点是具有很高的承载力，刚度大，变形小，能提升地基排水凝固的速率，避免季候性冻土在结冰后体积膨胀，还能将膨胀土地基吸水膨胀和失水收缩的特性及湿陷性土层在压力作用下受水产生附加沉陷的性能消除。此外，灰土垫层能够让其下土层的含水分指标变化，缩小土层之间的差异。

基于换填素材的差异，将垫层分为砂（砂砾、碎卵石）垫层、土垫层（素土、灰土、二灰土垫层）、粉煤灰垫层、矿渣垫层、加筋砂石垫层等。

在不同的工程中，不同垫层也会产生不一样的影响。例如，大部分情况下水闸、泵房根基的砂垫层都是用来换填土壤的，但是在某些堤岸式路面和土料、砂砾料分层碾压筑成的土坝等土木建筑工程上，砂垫层通常被用来排水凝固。

（二）排水固结法

排水固结法分为水平排水法和竖直排水法。

水平排水法是在软基的表面铺一层粗砂或级配好的砂砾石作为排水通道，在垫层上堆土或施加其他荷载，使孔隙水压力增高，形成水压差，孔隙水通过砂垫层逐步排出，孔隙减小，土被压缩，密度增加，强度提高。

竖直排水法是在软土层中建若干排水井，灌入砂砾，形成竖向排水通道，在堆土或外荷载作用下达到排水固结、提高强度的目的。排水距离短，就大大缩短了排水和固结的时间。一般取 20~100 cm 作为砂井的直径，每个砂井之间间隔 1.0~2.5 m，根据软土层的土质分布等来决定砂井的深度：如果软土层厚度较小，砂井可以贯穿软土层；若软土层厚度较大并且土层中间夹杂砂砾层，砂井可建立在砂层上；若无砂层且土壤厚度较大，或者有承压水位于软土层的下方，砂井不可以打穿。

（三）强夯法

强夯法是指运用升降机把重锤升到一个很高的地方后不受任何影响地自由落下，利用自由落体运动形成的十分庞大的能量同地基相互冲击与作用，来达到固定和加大地基土壤密度的目的，使地基土的各方面特性都能够被有效改进。比如渗入更多水分、难以被压缩、让地基土更为细密、增加地基对建筑物的负重和稳定性。

强夯法可以用在很多地方，不但可以用于处理碎石土、砂土，还可以用在低饱和度的粉土、黏性土、杂填土、湿陷性黄土等不同种类的地基。强夯法作为我国目前使用率最高的地基处理方法之一，优点并不少，强夯法只需要用一些很方便的设备，而且可以大大缩短施工时间，不需要增添任何特别的材料等。

二、岩基处理

对于岩基的一般地质缺陷，开挖和灌浆处理可以大幅增加地基对建筑物的负重，提高地基的抗渗等级。当遇到部分特殊情况时，如一些难以处理的地质缺陷，由断裂错动形成的岩石破碎带，缓倾角的软弱夹层、层理及熔岩地区较大的空洞和输水通道等，一旦这些缺陷的埋深占较大比例或延展至很远的地方，就无法使用开挖处理技术了。此外，上述方式花费金额巨大，常需针对工程具体条件，采取一些特殊的处理措施。

（一）断层破碎带处理

由地质构造形成的破碎带，有断层破碎带和挤压破碎带两种。经过地质错动和挤压，其中的岩块极易破碎，且风化强烈，常夹有泥质充填物。在处理不是很宽或者没有张开的断层破碎带时，如果其延伸较浅，一般直接使用开挖和回填混凝土的方式，具体来说就是先划出固定的深度范围，将范围内的断层和破碎风化岩层全部收拾干净，直至挖到新鲜的基岩为止,然后回填混凝土。在处理延伸很深的断层破碎带时,想要更简单方便地挖到更深层的地方,通常会选择大直径钻头(直径在 1 m 以上)来钻孔,直至深度足够再回填混凝土。

对于埋深较大且为陡倾角的断层破碎带,在断层露出处回填混凝土,形成混凝土塞(取断层宽度的 1.5 倍)。必要时可沿破碎带开挖斜井和平洞,回填混凝土,与断层相交一定长度,组成抗滑塞群,并有防渗帷幕穿过,组成混合结构。

(二)软弱夹层处理

在基岩层面之间或裂隙面中间强度不高、已经泥化或比较容易泥化的夹层被称为软弱夹层。当位于上层的结构荷载作用于软弱夹层后,地基会发生不均匀的变形,如沉陷变形和滑动变形。通常情况下,夹层产状及地基的受力条件也决定了软弱夹层处理方式不同。

在处理陡倾角软弱夹层时,如果没有与上下游河水相通,可在断层入口进行开挖,回填混凝土,提高地基的承载力;如果夹层与库水相通,不仅要对坝基范围内的夹层开挖,回填混凝土,而且要封闭处理夹层入渗部位,防止更多液体渗入;至于位于坝肩部位的陡倾角软弱夹层,重点是防止不稳定岩石塌滑,进行必要的锚固处理。对于缓倾角软弱夹层,如果夹层埋藏不深,开挖量不是很大,最好的办法是彻底挖除;如果夹层埋藏不浅,需要夹层上面部分有充裕的支撑岩体来保持基岩的坚固,否则便不能只对上游夹层进行挖除,只有满足以上条件,才能回填混凝土,进行封闭处理。

(三)岩溶处理

岩溶,是一种自然现象,因可溶性岩层长期受地表水或地下水溶蚀和溶滤作用而形成,岩溶也被称为喀斯特。由岩溶现象形成的溶槽、漏斗、溶洞、暗河、岩溶湖、岩溶泉等地质缺陷,削弱了基岩的承载能力,形成漏水的通道。处理岩溶的主要目的是防止渗漏,保证蓄水,提高坝基的承载能力,确保大坝安全、稳定。

对坝基表层或较浅的地层,可在开挖、清除后填充混凝土;对松散的大型溶洞,可对洞内进行高压旋喷灌浆,使填充物和浆液混合,连成一体,提高松散物的承受能力;对裂缝较大的岩溶地段,可用群孔水气冲洗,高压灌浆对裂缝进行填充。

岩溶的处理方法有很多种,常见的措施有堵、铺、截、围、导、灌等。通俗来讲,堵即把漏水的地方堵住;铺即把漏水的地方盖住;截即建造一堵墙将水拦截;围即把间歇泉、落水洞等围住,使库水与之分开;导即把位于建筑物下面的泉水引导出建筑物外;灌即灌浆工程,一般是固结灌浆和帷幕灌浆。

(四)岩基锚固

岩基锚固是用预应力锚束对基岩施加预压应力的一种锚固技术,以达到加固和改善地基受力条件的目的。

对于缓倾角软弱夹层,当分布较浅、层数较多时,可设置钢筋混凝土桩和预应力锚索进行加固。在基础范围内,沿夹层自上而下钻孔或开挖竖井,穿过几层夹层,浇筑钢筋混凝土，形成抗剪桩。在一些工程中采用预应力锚固技术，加固软弱夹层，效果明显，其形式有锚筋和锚索，可对局部及大面积地基进行加固。

三、基础与地基的锚固

锚固结构一般由内锚固段（锚根）、自由段（锚束）、外锚固段（锚头）组成。

内锚固段是必须有的，其锚固长度及锚固方式取决于锚杆的极限抗拔能力，锚头设置与否、自由段的长度取决于是否施加预应力及施加的范围，整个锚杆的配置取决于锚杆的设计拉力。

（一）内锚固段（锚根）

内锚固段即锚杆深入并固定在锚孔底部扩孔段的部分，要求能保证对锚束施加预应力。按照固定方式一般分为黏着式和机械式。

（1）黏着式。按照锚固段的胶结材料是先于锚杆填入还是后于锚杆灌浆，分为填入法和灌浆法。胶结材料有高强水泥砂浆或纯水泥浆、化工树脂等。在天然地层中，一般钻孔灌浆的锚固方法占大多数，其也被称为灌浆锚杆，其中常压灌浆、高压灌浆、顶压灌浆、化学灌浆和很多特别的锚固灌浆技术（处理），都是常见的施工处理方式。目前，国内多用水泥砂浆灌浆。

（2）机械式。它利用特制的三片钢齿状夹板的倒楔作用，将锚固段根部挤固在孔底，称为机械锚杆。

（二）自由段（锚束）

锚索是承受张拉力，对岩（土）体起加固作用的主体。采用的钢材和钢筋混凝土中的是同一种材料，需要重点注意的是，钢材如果弹性模量不足够大、未达到张拉的要求，是不可以被采用的，所以必须选用高强度钢材，降低锚杆张拉要求的用钢量，但不得在预应力锚索上使用两种不同的金属材料，避免因异种金属长期接触发生化学腐蚀。常用材料可分为以下两大类。

（1）粗钢筋。我国常用热乳光面钢筋和变形（调质）钢筋。变形钢筋可增强钢筋与砂浆的握裹力。钢筋直径通常为25～32 mm，其抗拉强度标准值采用《混凝土结构设计规范》（GB 50010—2010）所规定的。

（2）锚束。普遍由高强钢丝、钢绞线构成。其规格按照《预应力混凝土用钢丝》（GB/T 5223—2014）与《预应力混凝土用钢绞线》（GB/T 5224—2014）选用。高强钢丝能够密集排列，多用于大吨位锚束，适用于混凝土锚头、镦头锚及组合锚等。钢绞线对于编束、锚固均比较方便，但价格较高，锚具也较贵，多用于中小型锚束。

（三）外锚固段（锚头）

锚头是实施锚索张拉并予以锁定，以保持锚索预应力的构件，即孔口上的承载体。锚头一般由台座、承压垫板和紧固器三部分组成。由于每个工点的情况不同，设计拉力也不同，因此必须进行具体设计。

（1）台座。预应力承压面与锚索方向不垂直时，用台座调正并固定位置，可以防止预应力集中破坏。台座用型钢或钢筋混凝土制成。

（2）承压垫板。在台座与紧固器之间使用承压垫板，能使锚索的集中力均匀地分散到台座上。一般采用 20~40 mm 厚的钢板。

（3）紧固器。施加拉力以后的锚索由于紧固器的紧固作用，和垫板、台座、构筑物紧密贴合锚固为一个整体。钢筋的紧固器采用螺母或专用的联结器或压熔杆端等制成。钢丝或钢绞线的紧固器可使用楔形紧固器（锚圈与锚塞或锚盘与夹片）或组合式锚头装置。

第二节 导截流工程

一、截流施工

在施工导流中，只有截断原河床水流（简称截流），河水才能被引流到泄水建筑物处泄出，从而在河床上完整周密地对主体建筑物动工。

通常整个截流过程分为四步，包括戗堤进占、龙口裹头及护底、合龙、闭气。第一步，要在河床的一边或两边向河床里填筑截流戗堤，再进一步将河床缩窄，这一步称为进占。第二步，当戗堤进占到所需水平时，河床束窄，形成一个水流速度很快的口，这个口称为龙口。第三步，把龙口整个封闭堵塞，这个过程称为合龙。在合龙完成后，如果龙口段及戗堤本身没有停止漏水，就需要在戗堤全线安装防止渗漏的设施，这就是第四步——闭气。在截流以后，继续增加戗堤的高度和厚度，修建成围堰。在施工导流的过程中，截流是不可缺少的一环。只有截流如期竣工，相关建筑物才可有序投入工作；如果截流没有如期竣工（截流不成功，错过以水文年规定的最优截流时机），将会造成严重后果，甚至可能让工期耽误一整年。而截流并非易事，其不管是在技术方面还是在施工组织方面都十分烦琐且难度极高。因此，截流成功的前提是尽可能了解并运用好河流的水文、地形、地质等条件，把握好截流过程中水流的变化规律及其作用，组织好严谨缜密的施工流程，加大施工强度，在最短时间内完成截流。所以，截流一般都被当成施工导流中的关键一步，与施工进度息息相关。

（一）截流的方法

河道截流分为立堵法、平堵法、综合法（立平堵法、平立堵法）、下闸截流及定向爆破截流等多种方式。常用的有立堵法、平堵法、综合法。

1. 立堵法

把截流材料从一侧戗堤或两侧戗堤向中心抛投进占，慢慢压缩河床，疏通河道，直到全部拦截，这个过程称为立堵法截流。

立堵法截流的筹备事项不是很难，造价不高，也不需要再架设浮桥。但截流过程并不如想象中那么容易，如果截流时水文条件不是很好，龙口单宽流量较大，流速快，河床很容易被冲刷，此时就不得不抛投单个质量较大的截流材料。而工作第一线十分限制抛投的有效性。总体来说，立堵法截流不适用于流量小、岩基或覆盖层比较厚的岩基河床；对于软基河床；应在采取护底措施后才能使用。

2. 平堵法

顺着龙口总宽度的整条路线抛投截流材料，使抛投材料堆筑体整体上涨，直到超过水面，就是平堵法截流。所以，在合龙前一定要把浮桥架筑在龙口处，又因为平堵法是顺着龙口全宽平均地抛投的，所以龙口单宽流量不大，流速也很慢，所需单个材料的质量不会很重。相反，如果是沿龙口全宽同时抛投则难度比较大，施工速度快，但有碍于通航。平堵法适用于软基河床、河流架桥方便且对通航影响不大的河流。

3. 综合法

（1）立平堵法。想要发挥平堵水利条件较好的优点，一些项目会采用立堵与平堵相结合的方式，先立堵，再在栈桥上面平堵，结合采用还可以降低架桥的费用。

（2）平立堵法。在面对软基河床时，纯粹的立堵有可能造成河床冲刷，所以一般会采用先平抛护底，再立堵合龙的方式。平抛，大多会利用驳船进行。我国曾在很多工程中使用平立堵的方式，如青铜峡、丹江口、大化及葛洲坝和三峡工程二期大江截流，每个项目最终都收获了满意的成果。其实这类工程本质上属于立堵法截流，因为均为局部护底。

（二）截流日期及截流设计流量确定

截流年份应结合施工进度的安排来确定。想要更好地选择截流年份内的截流时段，就要把握两个重点：首先，不仅要牢牢掌控截流时机，还要敲定在枯水流量、风险都不太大的时段进行；其次，在后续的基坑工作和主体建筑物施工的过程中要留下可回旋的余地，总之不能让整个工程的施工进度被干扰。一旦确定了截流时段，就必须考虑以下要求。

第一，截流以后，不能停止加高围堰，还需进行排水、清基、基础处理等大量基坑工作，并在汛期到来以前把围堰或永久建筑物抢修到所需高程以上。截流时段要尽可能提前，以保证上述工作成功。

第二，在通航的河流上进行截流，最佳截流时段应该选择对航运影响不大的时段。因为在截流过程中必须停止航运，哪怕船闸已经修好，由于截流时水位不可控制，变化很大，也须停航。

第三，在北方有冰凌的河流上，截流不应在流冰期进行。因为冰凌很容易堵塞河道或导流泄水建筑物，壅高上游水位，给截流带来极大困难。

综上所述，截流时间应该随机应变，根据不同河流水文特征、当时的气候、对围堰施工等会产生影响的因素来分析敲定，切忌盲目、随意地挑选时间。大部分情况都会选在枯水期初，流量已经明显减少的时候。在严寒地区需要尽可能选择河道流冰及封冻期以外的时期。

截流设计流量是指某一确定的截流时间的截流设计流量。一般按照频率法确定，按照此前敲定的截流时段，在该时段内选取一定频率的流量作为设计流量，截流设计标准通常可选择截流时段重现期 5 ~ 10 年的月或旬平均流量。除频率法外，实测资料分析法也被很多工程选择。此方法一般比较适合用于水文资料系列较长、河道水文特性不会随意变化的情况。

在大型工程截流设计中，首先会选取一个流量，其次才会考虑较大、较小流量产生的可能性，此时会运用一些流量实行截流计算和模型试验研究。有时候部分河道可能会有深槽和浅滩，如果分流建筑物安排在浅滩上，就要研究对截流有负面影响的条件。

（三）如何选定龙口位置和宽度

龙口位置的选择与截流工作顺利与否密切相关。一般来说，龙口附近应有较宽阔的场地，以便布置截流运输线路和制作、堆放截流材料。龙口要设置在河床主流部位，方向尽量与主流成 90°，还需设置在耐冲河床上，否则截流时如果流速无法减小，会造成过分冲刷的后果。

如果可以，为了不增加合龙工程量，并减少截流持续时间，龙口宽度应该尽可能窄。当然，要以不引起龙口及下游河床冲刷为限。

二、施工排水

（一）初期排水

初期排水一般由两个部分组成，包括基坑积水和围堰与基坑渗水。因为初期排水是在围堰或截流戗堤合龙闭气后立即进行的，枯水期的降雨量很少，所以一般可不予考虑。除积水和渗水外，有时还需考虑填方和基础中的饱和水。

通常，当填方和覆盖层体积不太大时，在初期排水且基础覆盖层尚未开挖时，可以不必计算饱和水。若需计算，可按照基坑内覆盖层总体积和孔隙率估算饱和水总水量。

在初期排水过程中，可以通过试抽法进行核校和调整，并为经常性排水计算积累必要资料。首先，如果选取的排水设备容量太大，试抽时水位下跌迅速，必须把一部分排水设备关掉，让水位下跌速度符合设计规定。其次，如果设备的容量太小或者渗漏存在很大通道，试抽时水位不发生变化，就需要加大排水设备的容量或把渗漏严重的通道全部堵塞，再把水抽出来。最后，如果水位降至一定深度后就不再下降，说明此时排水流量与渗流量相等，据此可估算出需增加的设备容量。

（二）基坑排水

基坑排水要根据基坑挖掘过程中及开挖结束后开始建设建筑物时的排水系统的设置，以排水系统最不可能影响施工过程为原则建立基坑排水系统。

开挖基坑时，建设基坑的排水系统还需遵循以下原则：排水系统的建设不能对基坑的开挖及废土的运输工作造成阻碍。通常来说，为了方便基坑两侧挖出泥土，排水系统的主干沟渠应该布置在基坑的中间部位。之后，随着开挖工作逐渐展开，排水的主干水沟和支流可以慢慢加深，一般将干流的深度保持在 1.0~1.5 m，支流的深度保持在0.3~0.5 m。为了方便水流排出，集水井的井底深度应该比干流的沟底要深，且大多数时候会设置在建筑物的轮廓线外部。另外，因为基坑的坑底高低程度不一致，所以有的工程分层设置截流的水沟，采用分级抽水的办法，即在不同高程上分别布置截水沟、集水井和水泵站，进行分级抽水。

此外，在建设建筑物时，施工的排水系统一般会设置在基坑的四周。在将要建设的建筑物轮廓线的外部，距离基坑边坡坡脚 30~50 cm 的地方布置排水渠。一般以排水量的大小为基准，决定排水沟的截面积大小和地坡的高度，排水沟底部的宽度至少为 30 cm，深度不超过 1 m，在密实土层中，排水沟可以不用支撑，但在松散土层中，需用木板或麻袋装石来加固。

为防止降雨时地面径流进入基坑而增加抽水量，通常在基坑外缘边坡上挖截水沟，以拦截地面水。截水沟的断面及底坡应根据流量和土质而定，一般沟宽和沟深不小于0.5 m，基坑外地面排水系统最好与道路排水系统相结合，以便自流排水。为了降低排水费用，当基坑渗水水质符合饮用水或其他施工用水要求时，可将基坑排水与生活、施工供水相结合。

（三）经常性排水

就大部分情况而言，设计通常在两种不同的组合中选择。第一种组合是渗水加降雨，第二种组合是渗水加施工废水，一般在二者中挑出效果更好的来选择排水设备。当然，不必把降雨和施工废水结合起来使用，因为二者不会一起出现。经常性排水的排水量重点由围堰和基坑的渗水、降雨、地基岩石冲洗及混凝土养护用废水等组成。

（1）明确降雨量。在基坑排水设计中，对降雨量的确定尚无统一的标准。大型工程可采用 20 年重现期 3 d 降雨中最大的连续 6 h 雨量，再减去估计的径流损失值（1 mm/h），作为降雨强度；也有的工程采用日最大降雨强度，基坑内的降雨量可根据上述计算的降雨强度和基坑集雨面积求得。

（2）施工产生的废水量。施工产生的废水主要来自混凝土的养护水。养护水的用水量由当时的气候气温条件和养护要求等级决定。据估计，在大部分情况下，用水量按照每天 8 次、每次每立方米混凝土用水 5 L 来计算。

（3）筹算渗透流量。通常，基坑渗透总量包括围堰渗透量和基础渗透量两大部分。

第三节　土石坝工程

土石坝是指本地的散粒土、石料或混合料经过抛填、碾压和一些其他过程堆筑成的挡水坝。坝体材料以土和砂砾为主的称为土坝，以石渣、卵石、爆破石料为主的称为石坝。土石坝是历史最为悠久、最为古老的坝型之一。水利工程中的拦水坝多数为土石坝。

土石坝的组成丰富多样，很多本地的材料可以被充分利用于土石坝，不管是什么种类的土料，只要不含大量有机物和水溶性盐类就都可用于土石坝。它有利于群众性施工，将重型振动碾用于石堆的压实，解决了混凝土面板漏水的问题。大型施工机械的广泛应用、施工人数的减少、工期的缩短，使土石坝成为应用最广泛的坝型之一。

土石坝工程的基本施工过程是开采、运输和压实。

一、坝料规划

（一）空间规划

空间规划是指对料场的空间位置、高程进行恰当选择和合理布置。为加快运输速度，提高效率，土石料的运距要尽可能短。高程要利于重车下坡，避免因料场的位置高、运输坡陡而引起事故。坝的上下游和左右岸都有料场，这样上下游和左右岸可以同时采料，减少施工干扰，保证坝体均衡上升。料场位置要有利于开采设备放置，保证车辆运输的通畅及地表水和地下水的排水通畅。取料时离建筑物的轮廓线不要太近，不要影响枢纽建筑物防渗。

选取石料场时还要与重要建筑物和居民区有一定的防爆、防震安全距离，以减少安全隐患。

（二）时间规划

施工时，要考虑施工强度和坝体填筑部位的改变、季节对坝前蓄水能力引起的变化，此过程称为时间规划。先用近料和上游易淹的坝料，之后再用远料和下游不易淹的坝料，这个顺序不能调换。与上坝强度低、运距远的料场相反，当上坝的强度高时，一定要用运距更近、开采条件更优的料场。不同季节料场的选择也不同，旱季一般采用含水量大的料场，雨季则相反，要采用含水量小的料场。

为满足拦洪度汛和筑坝合龙时大量用料的要求，在料场规划时还要在近处留有大坝合龙用料。

（三）质与量规划

质与量规划是指对料场的质量和储料量的合理规划。质与量规划是料场规划中最为基础的要求，需要对料场进行全方位勘察和测量，以此作为料场选择和规划的依据。

其中，属于料场质与量的规划因素有料场的地质情况、产料状况，材料的埋藏深度、储藏数量及物理力学的指标等。料场的总储量很重要，必须满足坝体总方量的条件，同时用料如果不满足各阶段施工中的最大用料强度条件也是不行的。勘探精度要随设计深度的加深而提高。

充分利用建筑物基础开挖时的弃料，减少向外运输的工作量和运输干扰，减少废料堆放场地。考虑弃料的出料、堆料、弃放的位置，避免施工干扰，加快开采和运输速度。规划时除考虑主料场外，还应考虑备用料场：主料场一般要质量好、储量大，比需要的总方量多1.0~1.5倍，运距近，有利于常年开采；备用料场要在淹没范围以外，当主料场被淹没或由于其他原因中断使用时，使用备用料场，备用料场的储藏量应为主料场总储藏量的20%~30%。

二、土石料开采和运输

对坝料进行规划后，还需要对土石料进行开采和运输。对土石料开挖一般采用机械施工，使用的机械有挖掘机械、铲运机械、运输机械三类。而运输道路的布置对土石料的运输有重要作用，下面将详细论述土石料的开采和运输。

（一）土石料的开采

1. 挖掘机械的不同类型

（1）单斗式挖掘机。只有一个铲土斗的挖掘机被称为单斗式挖掘机，其工作装置分为四种，分别为正向铲、反向铲、拉铲和抓铲。

第一，正向铲挖掘机。作为单斗挖掘机中第一重要的形式，正向铲挖掘机的特点是铲斗前伸向上，可以强行铲土，挖掘力不容小觑，大多数作用于挖掘停机面以上的土石方，一般用来开挖无地下水的大型基坑和料堆，十分符合挖掘Ⅰ~Ⅳ级土或爆破后的岩石渣。

第二，反向铲挖掘机。作为正向铲挖掘机更换工作装置后的工作形式，反向铲挖掘机的特点是铲斗后扒向下，强制挖土，主要用于挖掘停机面以下的土石方，一般用于开挖小型基坑或地下水位较高的土方，适合挖掘Ⅰ~Ⅲ级土或爆破后的岩石渣，硬土需要先行刨松。

第三，拉铲挖掘机。拉铲挖掘机用于挖掘停机面以下的土方。由于卸料是利用重力和离心力的作用在机身回转过程中进行的，湿黏土也能卸净，因此最适于开挖水下及含水量大的土料。但由于铲斗仅靠自身重力切入土中，铲土力小，一般只能挖掘Ⅰ~Ⅲ级土，不能开挖硬土。挖掘半径、卸土半径和卸载高度较大，适合直接向弃土区弃土。

第四，抓铲挖掘机。抓铲挖掘机利用瓣式铲斗自由下落的冲力切入土中，而后抓取土料并提升，回转后卸掉。抓铲挖掘深度较大，适用于挖掘窄深基坑或沉井中的水下淤泥及砂卵石等松软土方，也可用于装卸散粒材料。

（2）多斗式挖掘机。多斗式挖掘机是一种由若干个挖斗依次连续循环进行挖掘的专用机械，生产效率和机械化程度较高，在大量土方开挖工程中使用。它的生产率跨度很大，可以从每小时几十立方米到每小时上万立方米，多数情况用于挖掘不夹杂石块的Ⅰ~Ⅰ级土。多斗式挖掘机根据工作装置不同，可分为链斗式和斗轮式两种。链斗式挖掘机是最常用的多斗式挖掘机，主要进行下采式工作。

2. 土石料开挖的原则

在土石坝施工中，从料场的开采、运输，到坝面的铺料和压实各工序，应力争实现综合机械化。施工时应遵循以下原则。

首先，充分发挥主要机械的作用力。主要机械是指在施工过程中和机械化的生产线中起主要导向作用的机械设备，只有充分发挥其工作效率，才能加快施工进度，降低施工的成本。

其次，充分发挥机械的配套合作作用，根据不同机械的工作特点及效用进行组合，比如，连续工作式的开挖机械和运输机械相互配合，循环型的开挖机械和运输机械配合工作，可以形成一条连续性的生产线。另外，为了保证主要机械的生产能力不受影响，在选择与之配套工作的机械时，应该考虑配套机械的型号、规格和数量等，保证其生产能力略微超过主要机械。

最后，加强保养，合理布置，提高工作效率。严格遵守机械保养制度，使机械处于最佳状态。合理布置流水作业工作，能极大地提高工作效率。

3. 开挖运输方案的选择

确保上部坝体强度的重要工作环节之一是坝料的开挖和运输。其运输方案需要综合分析，通过比较坝体的结构、修建坝体的材料性质、填充强度、料场的特性、使用的机械型号等多种因素来确定。主要有以下几种开挖和运输方案。

（1）采用挖掘机进行开挖工作，材料由自卸载的汽车直接运输到坝上。使用挖掘机的正向铲开挖并装车，然后经由自卸汽车运料上坝，适用于运输距离小于 10 km 的情况。自卸型汽车具有很多优点，可以运输不同种类的坝料，且运输能力强，灵活方便，甚至可以直接铺设坝料，转弯半径小，爬坡能力较强，机动灵活，方便管理，设备易于获得。在施工时，可以这样布置：采用立面开挖方式，运用正向铲，同时将汽车的运输路线布置成循环的路线，在装送坝料时与挖掘机并排停靠，实现汽车鱼贯式驶入，这种布置形式可减少汽车的倒车时间，正向铲采用 60°~90° 角侧向卸料的方式，回转角度小，生产率高，能充分提高正向铲与汽车的效率。

（2）挖掘机开挖，胶带机运输上锁。胶带机的爬坡能力强，架设简易，运输费用较低，与自卸汽车相比可降低费用 1/3~1/2，运输能力较强，适合运距小于 10 km 的情况。胶带机用作运输工具有多种特点：它可以直接从料场里运输坝料上坝；也可以和自卸的汽车配合进行长距离运输工作，使用漏斗将材料卸载到汽车里，并转运到坝上；还可以和有轨电车一起进行短距离运输，将材料装运到坝上。

（3）开挖采用采砂船，而运输工具使用机车，再转运到胶带机上转运上坝。国内部分中型或者大型水电工程施工过程中，普遍采用采砂船开采水下的砂砾材料，然后搭配有轨电车来运输。如果料场分布集中，且运输的数量很大，或运输距离超过10 km，可以用有轨电车进行水平道路上的运输，但不能直接运输上坝，要在坝脚经卸料装置转运至胶带机上，运输上坝。

（4）斗轮式挖掘机开挖，胶带机运输，转自卸汽车上坝。当填筑方量大、上坝强度高、料场储量大而集中时，可采用斗轮式挖掘机开挖的方式。斗轮式挖掘机挖料转入移动式胶带机，其后接长距离的固定式胶带机至坝面或坝面附近，经自卸汽车运至填筑面。这种布置方法可使挖、装、运连续进行，简化了施工工艺，提高了机械化水平和生产率。

坝料的开挖运输方案很多，但无论采用哪种方案，都应结合工程施工的具体条件，组织好挖、装、运、卸的机械化联合作业，提高机械利用率；尽量减少转运坝料的次数；保证坝料的布置方式和使用的设备尽可能一致，减少辅助设备数量；统筹规划和布置运输机械等设备，充分利用好地形条件，因地制宜。

（二）土石料的运输

1. 运输道路布置原则和要求

第一，运输道路宜自成体系，并尽量与永久道路相结合。运输道路不要穿越居民区或工作区，尽量与公路分离。根据地形条件、枢纽布置、工程量大小、填筑强度、自卸汽车吨位，应用科学的规划方法进行运输网络优化，统筹布置场内施工道路。

第二，连接坝体上下游交通的主要干线，应布置在坝体轮廓线以外。干线与不同高程的上坝道路相连接，应避免穿越坝肩处岸坡。坝面内的道路应结合坝体的分期填筑规划统一布置，在平面与立面上协调好不同高程进坝道路的连接，使坝面内临时道路的形成与覆盖（或消除）满足坝体填筑要求。

第三，运输道路的标准应符合自卸汽车吨位和行车速度的要求。实践结果证明，用于高质量标准道路增加的投资，足以用汽车维修费用的降低及生产率的提高来补偿。要求路基坚实，路面平整，靠山坡一侧设置纵向排水沟，排除雨水和泥水，避免在雨天时运输车辆将路面泥水带入坝面，污染坝料。

第四，道路沿线应有较好的照明设施，运输道路应经常维护和保养，及时清除路面上影响运输的杂物，并经常洒水，减少运输车辆的磨损。

2. 上坝道路的布置方式

坝料运输道路的布置方式有岸坡式、坝坡式和混合式三种，道路在坝体轮廓线内，与坝体内的临时道路连接，组成到达坝料填筑区的运输体系。

由于单车环形线路行车比往复双车线路行车效率高、更安全，因此也应尽可能采用单车环形线路。一般干线多用双车道，尽量做到会车不减速，坝区及料场多用单车道。岸坡式上坝道路宜布置在地形较为平缓的坡面，以减少开挖工程量。

当两岸陡峭、地质条件较差、沿岸坡修路困难、工程量大时，可在坝下游坡面设计线以外布置临时或永久性上坝道路，这种道路布置方式称为坝坡式。其中的临时道路在坝体填筑完成后消除。

在岸坡陡峭的狭窄河谷内，根据地形条件，有的工程采用交通洞通向坝区，用竖井卸料以连接不同高程的道路，有时也是可行的。非单纯的岸坡式或坝坡式的上坝道路布置方式，称为混合式。

3. 坝内临时道路的布置

（1）堆石体内道路。根据坝体分期填筑的需要，除防渗体、反滤过渡层及相邻的部分堆石体要求平起填筑外，不限制堆石体内设置临时道路，其布置为之字形，道路随着坝体升高而逐步延伸，连接不同高程的两级上坝道路。为了减小上坝道路的长度，临时道路的纵坡一般较陡，为10%左右，局部可为12%~15%。

（2）过防渗体道路。心墙、斜墙防渗体应避免重型车辆频繁压过，以免遭到破坏。如果上坝道路布置困难，而运输坝料的车辆必须压过防渗体，应调整防渗体填筑工艺，在防渗体局部布置压过的临时道路。

三、土石料压实

压实机械采用碾压、夯实、振动三种作用力来达到压实的目的。其中，碾压的作用力是一种静压力，其特点是压力的大小不会因为时间的改变而发生变化。夯实作用力是一种瞬间的动力，它的作用力大小与发生的高度有关系。振动作用力是一种周期性变化的重复动力，作用力大小会随着时间周期性地发生变化，其振动的周期长短与振动频率大小有关。

常用的压实机械有羊脚碾、振动碾、夯实机械。

（一）羊脚碾

羊脚碾是一种滚筒表面铺设交叉排列的、形状像羊脚的、截去头部的圆锥体的碾。使用时，将这种碾的羊脚体插入土地中，压实羊脚端点部分的土料，向侧边挤压土料，从而达到比较均匀的压实效果。

羊脚碾有进退错距法和圈转套压法两种开行方式。其中，进退错距法的操作方法简单便利，工作顺序协调，易于进行分段流水作业，且压实的效果可以保证。圈转套压法使用多个碾筒进行组合的方式碾压，它的工作效率比较高，但是有一个缺点，碾筒碾压的中转转弯的交界处会重压过多，容易导致超压。另外，当转弯半径较小的时候，会引起土层扭曲，产生剪力，造成破坏，转角处容易漏掉，难以保障工作质量。

（二）振动碾

振动碾是一种静压和振动同时作用的压实机械。它通过负责起振的柴油机带动滚筒内的偏心轴转动，将振动的作用力通过连接碾压面的隔板传输到滚筒的表面，最后将压力波传到土体中。非黏性土的颗粒比较粗，在这种小振幅、高频率振动力的作用下，颗粒之间的内摩擦力大幅减小，因为颗粒大小不一，所以受到惯性力的作用也不同，从而

22

产生了相对位移，细小的颗粒滑到粗大的颗粒之间的空隙，降低了土里空隙的体积，进而使土料密而实。但是，土颗粒之间的黏结作用力是黏性土的主要作用力，并且这种土颗粒粗细均匀，用振动碾压实黏性土并不能取得和压实非黏性土一样的压实效果。

（三）夯实机械

夯实机械是一种利用重力势能击实土料的机械，用于夯实砂砾料或黏性土。适用于在碾压机械难以施工的部位压实土料。

（1）强夯机。它是由高架起重机和铸铁块或钢筋混凝土块做成的夯砣组成的。夯砣的质量一般为 10~40 t，由起重机提升至一定高度后自由下落冲击土层，压实效果好，生产率高，适用于杂土填方、软基及水下地层。

（2）挖掘机夯板。夯板一般被做成圆形或方形，面积约为 1 m²，质量为 1~2 t，提升高度为 3~4 m。主要优点是压实功能强，生产率高，有利于人们在雨季、冬季施工。但当被夯石块直径大于 50 cm 时，工效大大降低，压实黏土料时，表层容易发生剪力破坏，目前有逐渐被振动碾取代之势。

四、土料防渗体坝

坝面填筑有铺料、压实、取样检查三道基本工序，对于不同的土石料，根据强度、级配、湿陷程度不同，还要进行其他处理。

（一）铺料

坝基经处理合格后或下层填筑面经压实合格后，即可开始铺料。铺料包括卸料和平料，两道工序相互衔接，紧密配合。铺料方法的选择主要与上坝运输方法、卸料方式和坝料的类型有关。

1. 自卸汽车卸料、推土机平料

铺料的基本方法有进占法、后退法和混合法三种。

堆石料一般采用进占法铺料，堆石强度为 60~80 MPa 的中等硬度岩石，施工可操作性好。对于特硬岩（强度>200 MPa），由于岩块边棱锋利，施工机械的轮胎、链轨损坏严重，同时由于硬岩堆石料往往级配不良，表面不平整，影响振动碾压实质量，因此施工中要采取一定的措施，如在铺层表面增铺一薄层细料，以改善平整度。

级配较好的（如强度在 30 MPa 以下的）软岩堆石料、砂砾（卵）石料等，宜用后退法铺料，以减少分离次数，有利于提高密度。

不管采用何种铺料方法，卸料时都要控制好料堆分布密度，使铺摊后的厚度符合设计要求。不要因过厚而不予处理，尤其在用后退法铺料时更需注意。

（1）支撑体料。心墙上下游或斜墙下游的支撑体（简称坝壳）各为独立的作业区，人们可以在区内各工序进行流水作业。坝壳一般选用砂砾料或堆石料。堆石料往往含有大量大粒径石料，因此不仅影响汽车在坝料堆上行驶和卸料，而且影响推土机平料，并易损坏推汽车轮胎和土机履带。为此采用进占法卸料，即自卸汽车在铺平的坝面上行驶和卸料，推土机在同一侧随时平料。优点是，大粒径块石易被推至铺料的前沿下部，细料填入堆石料空隙，使表面平整，便于车辆行驶。坝壳料的施工要点是防止坝料粗细颗粒分离和使铺层厚度均匀。

（2）反滤料和过渡料。反滤层和过渡层常用砂砾料，采用常规的后退法卸料。自卸汽车在压实面上卸料，推土机在松土堆上平料。优点是可以避免平料造成的粗细颗粒分离，汽车行驶方便，可提高铺料效率。要控制上坝料的最大粒径，允许最大粒径不超过铺层厚度的 1/3~1/2，当含有特大粒径的石料（如 0.5~1.0 m）时，应清除至填筑体以外，以免产生局部松散甚至空洞，造成隐患。砂砾料铺层厚度应根据施工前现场碾压试验确定，一般不大于 1.0 m。

（3）防渗体土料。心墙、斜墙防渗体土料主要有黏性土和砾质土，选择铺料方法主要考虑以下两点：一是坝面平整，铺料层厚度均匀，不得超厚；二是对已压实合格土料不过压，防止产生剪力破坏。铺料时应注意以下问题。

第一，采用进占法卸料。即推土机和汽车都在刚铺平的松土上行进，逐步向前推进。避免所有汽车在同一条道路上行驶，如果中、重型汽车反复多次在压实土层上行驶，会使土体产生弹簧土、光面与剪力被破坏现象，严重影响土层间结合质。

第二，推土机功率必须与自卸汽车载重吨位相匹配。如果汽车斗容过大，推土机功率过小（刀片过小），则每车料要经过推土机多次推运才能将土料铺散、铺平，在推土机履带的反复碾压下，局部表层土会被压实，甚至出现弹簧土和剪力被破坏现象，造成汽车卸料困难，更严重的是，易产生平土厚薄不均的现象。

第三，采用后退法定量卸料。汽车在已压实合格的坝面上行驶并卸料，为防止对已压实土料产生过压现象，一般采用轻型汽车。根据每个填土区的面积，按照铺土厚度确定所需的土方量（松方），使得推土机平料均匀，不产生大面积过厚、过薄的现象。

第四，沿坝轴线方向铺料。防渗体填筑面一般较窄，为了防止两侧坝料混入防渗体，杜绝因漏压而形成贯穿上下游的渗流通道，一般不允许车辆穿越防渗体，所以严禁在垂直坝轴线方向铺料。对于特殊部位，如两岸接坡处、溢洪道边墙处及穿越坝体建筑物结合部位等，当只能在垂直坝轴线方向铺料时，在施工过程中，质检人员应现场监视，严禁坝料掺混。

2. 移动式皮带机上坝卸料、推土机平料

皮带机上坝卸料适用于黏性土、砂砾料和砾质土。利用皮带机直接上坝，配合推土机平料，或配合铲运机运料和平料，优点是不需要专门道路，但随着坝体升高需要经常移动皮带机。为防止粗细颗粒分离，推土机采用分层平料，每次铺层厚度为要求的 1/3~1/2，推距最好在 20 m 左右，最大不超过 50 m。

3. 铲运机上坝卸料和平料

铲运机是一种能综合完成挖、装、运、卸、平料等工序的施工机械，当料场距大坝 800~1500 m，散料距离在 300~600 m 时，使用铲运机是经济有效的。铲运机铺料时，平行于坝轴线依次卸料，从填筑面边缘逐行向内铺料，空机从压实合格面上返回取土区。铺到填筑面中心线（约一半宽度）后，铲运机反向运行，接续已铺土料逐行向填筑面另一半的外缘铺料，空机从刚铺填好的松土层上返回取土区。

（二）压实

1. 非黏性土的压实

非黏性土透水料和半透水料的主要压实机械有振动平碾、气胎碾等。

对于包含砂卵石、砂砾石或者砂质土的非黏性土来说，用振动平碾进行振动压实效果最好，且具有多种优点，包括碾压次数较少（一般为4~8次），效果较好，工作效率极高。至于气胎碾，可用来压实砾土等土质材料。

碾压的时候，除一些坝表面的特殊位置，应该沿着轴线的方向碾压，通常会使用进退错距法作业。同时也可以使用搭接法在碾压遍数不多的时候进行一次压够之后错行行车作业。

另外，进行碾压作业时，必须严格控制一些主要施工参数以保证碾压效果，比如，铺设厚度、碾压次数、振动碾的碾压速度、振动频率和振幅等。进行分段碾压工作时，应该搭接好相邻两端连接带，垂直于碾压方向进行搭接，其宽度至少要30 cm，顺碾压方向宽应不小于1.0 m。

适当加水能提升堆石、砂砾石料的压实效果，减少后期沉降量。但大量加水需增加工序和设施，影响填筑进度。堆石料加水的主要作用是除去润滑颗粒和方便压实土料，更重要的是，它可以软化石块之间的接触点，在压实的过程中，摩擦石块的尖角和石棱让堆石更加紧密结实，从而使坝体后期的沉降量降低。只有洒水充分饱和，砂砾材料才可以被有效压实。

受材料的岩石性质，细颗粒含量等影响，堆石、砂砾料的加水量通常是不同的。硬岩材料的软化系数较大，且吸水效率极低（不到2%的饱和吸水率），所以其加水的效果不太明显，可以进行对比试验来决定是否进行加水操作。而对于填筑含水量比湿陷含水量大的软岩来说，应该根据其当时的含水量进行充分加水。

为了确保加水较为均匀，对于砂砾材料或者细颗粒较多的堆石材料来说，碾压之前应该洒一次水，然后一边碾压一边加水。而对于包含较少细颗粒的大块堆石材料，应该在碾压前先用水冲掉填料表层的细颗粒材料，改善层间结合状况。但碾压前洒水，大块石裸露，不利于振动碾碾压。对软岩堆石，由于振动碾碾压后表面产生一层岩粉，所以碾压后也应洒水，尽量冲掉表面岩粉，以利于层间结合。

一旦到了即将出现加水碾压引起材料泥化现象的时候，应通过相应的试验来确定加水量。堆石加水量依其岩性、风化程度而异，一般为填筑量的10%~25%；砂砾料的加水量宜为填筑量的10%~20%；对粒径小于5 mm、含泥量大于30%、5%的砂砾石，其加水量宜通过试验确定。

2. 黏性土的压实

黏土心墙料压实机械主要为凸块振动碾，也有采用气胎碾的。

（1）压实方法。碾压机械压实方法均采用进退错距法，要求在碾压遍数很少时，可采用一次压够遍数再错距的方法。分段碾压的碾迹搭接宽度如下：垂直碾压方向的应为 0.3~0.5 m，顺延碾压方向的应为 1.0~1.5 m。碾压方向应沿坝轴方向进行。在特殊部位，如防渗体截水槽内或与岸坡结合处，应用专用设备在划定范围沿接坡方向碾压，碾压行车速度一般为 2~3 km/h。

（2）土料含水量调整。土料含水量调整应在料场进行，仅在特殊情况下可考虑在坝面进行少许调整。

第一，土料加水。当上坝土料的平均含水量与碾压施工含水量相差不大（仅需增加 1%~2%）时，可在坝面直接洒水。

加水方式分为汽车洒水和管道加水两种。汽车喷雾洒水均匀，施工干扰小，效率高，宜优先采用。管道加水方式多用于施工场面小、施工强度较低的情况。加水后的土料一般应用圆盘耙或犁松碎使其含水均匀。

在粗粒残积土碾压过程中，随着粗粒破碎，细粒含量不断增大，压实最优含水量也在提高。碾压开始时，比较湿润的土料随着碾压可能变得干燥，因此碾压过程中要适当地洒水补充。

第二，对土料进行干燥。如果土料的含水量比施工所要求的含水量上限大 1%，可以用圆盘耙或者圆盘犁于碾压之前在填筑表面进行翻松晾晒。

（3）处理填土层的结合面。为了保证土层之间碾压结合得比较良好，在使用平碾、气胎碾等设备进行机械碾压时，应在坝上形成一个光滑的表面。此时，诸如中坝、高坝的黏土心墙或者窄心墙，必须把已经压实且合格了的表面在铺土之前洒水浸湿并且刨毛深 1~2 cm。低坝可以不用刨毛，但经验表明，仍须进行洒水，禁止在表层土面处于干燥的状态下重新铺土。

第四节 重力坝工程

一、重力坝施工导流的基本方法

施工导流是指在河床上面修筑水电或水利工程的施工过程中，为了保证有一个干燥的环境供水工建筑物施工，需要用围堰来围护基坑，同时引导河水流向预先设置好的泄水建筑物泄入下游。

施工导流方法大体上分为两类：一类是全段围堰法导流（河床外导流），另一类是分段围堰法导流（河床内导流）。

（一）全段围堰法导流

以施工主体过程为分界点，在其河床的上游和下游分别建造一道拦河的围堰，通过预先设置好的临时工程或者永久泄水的建筑物（如明渠和隧洞等），将上游流下的河水引入下游，以及在排干河水的基坑中进行主体过程的施工。等到主体过程建筑成功或者接近成功的时候，封上临时的泄水渠道。这就是全段围堰法导流。其优点是工作面比较大，且可以在一次性围堰的围护下进行河床内建筑物的建造，如果可以，还能利用水利枢纽中已经存在的泄洪建筑物导流，可大幅节约投资成本。

全段围堰法按照泄水建筑物的类型不同可分为明渠导流、隧洞导流等。

明渠导流，用在河水天然流经的河岸或者河滩上开挖的明渠来导流河水泄向下游，从而保证上下游围堰一次拦断河床形成施工基坑，保证工地施工的环境，这种方式就是明渠导流。

（1）适合用明渠导流的情况。

如果具备以下条件之一且河坝选址的河床宽度较小，或者河床的覆盖层较深，河床进行分期导流时很困难，可以考虑使用明渠导流的方式。

① 在河床的岸边有一处较为宽敞的台地、垭口或者旧的河道。

② 需要导流的河水流量特别大，且河床地质条件不适合挖掘导流的隧洞。

③ 在施工过程中，河道中有船只通航、排除冰渣、漂流过木的要求时。

④ 总工期比较紧张，且没有挖洞经验和设备。

如果在对比导流方案后，明渠导流和隧洞导流都可以采用，通常更倾向于明渠导流，因为明渠可以采用大型设备进行挖掘，能加快速度，有利于主要过程的开工和缩短工期。而且当有通航、过木等要求时，明渠导流更为方便。

（2）导流明渠布置。

导流明渠布置有分布在岸坡上和滩地上两种形式。

① 导流明渠轴线的布置。

导流明渠应布置在较宽的台地、垭口或古河道一岸；渠身轴线要伸出上下游围堰外坡脚，水平距离要满足防冲要求，一般为50~100 m；明渠进出口应与上下游水流衔接，与河道主流的交角以30°为宜；为保证水流畅通，明渠转弯半径应大于5倍渠底宽；明渠轴线布置应尽可能缩短明渠长度和避免深挖。

② 明渠进出口位置和高程的确定。

明渠进出口力求不冲、不淤和不产生回流，可通过水力学模型试验调整进出口形状和位置，以达到这一目的；进口高程按照截流设计选择，出口高程一般由下游消能控制；进出口高程和渠道水流流态应满足施工期通航、过木和排冰要求；在满足上述条件下，尽可能抬高进出口高程，以减少水下开挖量。

（3）导流明渠断面设计。

① 明渠断面尺寸的确定。

明渠断面尺寸由设计导流流量控制，并受地形地质和允许抗冲流速影响。应根据不同的明渠断面尺寸与围堰的组合，通过综合分析确定。

② 明渠断面形式的选择。

明渠断面一般设计成梯形，渠底为坚硬基岩时，可设计成矩形。有时为满足截流和通航的不同目的，也可以设计成复式梯形断面。

③ 明渠糙率的确定。

明渠糙率的大小直接影响明渠的泄水能力，而影响糙率大小的因素有衬砌的材料、开挖的方法、渠底的平整度等。可根据具体情况查阅有关手册确定，对大型明渠工程，应通过模型试验选取糙率。

（4）明渠封堵。

导流明渠结构布置应考虑后期封堵要求。当施工期有通航、过木和排冰任务，且明渠较宽时，可在明渠内预设闸门墩，以利于后期封堵。施工期无通航、过木和排冰任务时，应于明渠通水前，将明渠坝段施工到适当高程，并设置导流底孔和坝面口，以使二者联合泄流。

隧洞导流

上下游围堰一次拦断河床形成基坑，保护主体建筑物干地施工，天然河道水流全部由导流隧洞宣泄的导流方式称为隧洞导流。

（1）隧洞导流适用条件。

导流流量不大，坝址河床狭窄，两岸地形陡峻，如一岸或两岸地形、地质条件良好，可考虑采用隧洞导流。

（2）导流隧洞的布置。

第一，隧洞轴线沿线地质条件良好，足以保证隧洞施工和运行的安全。

第二，隧洞轴线宜按照直线布置，如有转弯，转弯半径不小于5倍洞径（或洞宽），转角不宜大于60°，弯道首尾应设直线段，长度不应小于3倍洞径（或洞宽）；进出口引渠轴线与河流主流方向夹角宜小于30°。

第三，隧洞间净距、隧洞与永久建筑物间距、洞脸与洞顶围岩厚度均应满足结构和应力要求。

第四，隧洞进出口位置应保证水力学条件良好，并伸出堰外坡脚一定距离，一般距离应大于50 m，以满足围堰防冲要求。进口高程多由截流控制，出口高程由下游消能控制，洞底按照需要设计成缓坡或急坡，避免成反坡。

（3）导流隧洞断面设计。

隧洞断面尺寸的大小，取决于设计流量、地质和施工条件，洞径应控制在施工技术和结构安全允许范围内，目前国内单洞断面尺寸多在200 m² 以下，单洞泄量为2000～2500 m²/s。

隧洞断面形式取决于地质条件、隧洞工作状况（有压或无压）及施工条件，常用断面形式有圆形、马蹄形、城门洞形。圆形多用于高水头处，马蹄形多用于地质条件不良处，方圆形有利于截流和施工，国内外导流隧洞多采用方圆形。

在洞身设计中，糙率 n 值的选择十分重要。糙率的大小直接影响断面的大小，而衬砌与否、衬砌的材料和施工质量、开挖的方法和质量是影响糙率大小的因素。一般混凝土衬砌糙率值为 0.014~0.017，不衬砌隧洞的糙率变化较大，光面爆破时为 0.025~0.032，一般炮眼爆破时为 0.035~0.044。设计时根据具体条件，查阅有关手册，选取合适的糙率值。对于重要的导流隧洞工程，应通过水工模型试验验证其糙率的合理性。

导流隧洞设计应考虑后期封堵要求，布置封堵闸门门槽及启闭平台设施。如果有条件，应使导流隧洞与永久隧洞结合，以利节省投资（如小浪底工程的三条导流隧洞后期将改建为三条孔板消能泄洪洞）。一般高水头枢纽，导流隧洞只可能与永久隧洞部分结合，中低水头枢纽则有可能全部结合。

（二）分段围堰法导流

分段围堰法，也称分期围堰法或河床内导流，就是用围堰将建筑物分段分期围护起来进行施工的方法。

分段，就是从空间上将河床围护成若干个工地施工的基坑段进行施工。分期，就是从时间上将导流过程划分成几个阶段。导流的分期数和围堰的分段数并不一定相同，因为在同一导流分期中，建筑物可以在一段围堰内施工，也可以同时在不同段内施工。必须指出，段数分得越多，围堰工程量越大，施工也越复杂；同样，期数分得越多，工期有可能拖得越长。因此，在工程实践中，二段二期导流法采用得最多（如葛洲坝工程、三门峡工程等）。只有在比较宽阔的通航河道上施工，在不允许断航或其他特殊情况下，才采用多段多期导流法。

分段围堰法导流一般适用于河床宽阔、流量大、施工期较长的工程，尤其适用于通航河流和冰凌严重的河流。这种导流方法的费用较低，国内外一些大中型水利水电工程采用较多。分段围堰法导流，前期由束窄的原河道导流，后期可利用事先修建好的泄水道导流，常见泄水道的类型有底孔、缺口等。

1. 底孔导流

将设置在混凝土坝体中的永久底孔或临时底孔作为泄水道，是二期导流经常采用的方法。导流时让全部或部分导流流量通过底孔导流到下游，保证后期工程的施工。如果是临时底孔，则在工程接近完工或需要蓄水时加以封堵。采用临时底孔时，底孔的尺寸、数目和布置，要通过相应的水力学计算确定，其中底孔的尺寸在很大程度上取决于导流的任务（过水、过船、过木和过鱼），以及水工建筑物结构特点和封堵用闸门设备的类型。底孔的布置要满足截流、围堰工程及本身封堵的要求。如底坎高程布置较高，截流时落差就大，围堰也高，但封堵时的水头较低，封堵措施就容易采取。一般底孔的底坎高程应布置在枯水位之下，以保证枯水期泄水。当底孔数目较多时，可把底孔布置在不同的高程，封堵时从最低高程的底孔堵起，这样可以减少封堵时所承受的水压力。

临时底孔的断面形状多采用矩形，为了改善孔周的应力状况，也可采用有圆角的矩形。按照水工结构要求，孔口尺寸应尽量小，但某些工程由于导流量较大，只好采用尺寸较大的底孔。

底孔导流的优点：挡水建筑物上部的施工可以不受水流干扰，有利于均衡连续施工，对修建高坝特别有利。若坝体内设有永久底孔导流，则更为理想。底孔导流的缺点：由于坝体内设置了临时底孔，钢材用量增加；如果封堵质量不好，则会削弱坝体的整体性，还有可能漏水；在导流过程中，底孔有被漂浮物堵塞的危险；封堵时由于水头较高，安放闸门及止水等均较困难。

2. 坝体缺口导流

在混凝土坝施工过程中，当汛期河水暴涨暴落，其他导流建筑物不足以宣泄全部水流时，为了使坝体在涨水时仍能继续施工，可以在未建成的坝体上预留缺口，以便配合其他建筑物宣泄洪峰水流，待洪峰过后，上游水位回落，再继续修筑缺口。所留缺口的宽度和高度取决于导流设计流量、其他建筑物的泄水能力、建筑物的结构特点和施工条件。采用不同高程的底坎的缺口时，为避免高低缺口单宽流量相差过大，产生高缺口向低缺口的侧向泄流，引起压力分布不均匀，则需要适当控制高低缺口间的高差。其高差以46 m为宜。在修建混凝土坝，特别是大体积混凝土坝时，由于坝体缺口导流方法比较简单，故常被人们采用。

上述两种导流方式，一般只适用于混凝土坝，特别是重力式混凝土坝枢纽。至于土石坝或非重力式混凝土坝枢纽，多采用分段围堰法导流的方式，常与隧洞导流、明渠导流等河床外导流方式相结合。

二、重力坝施工总体布置

（一）施工总体布置任务

施工总体布置设计涉及的问题比较广泛，且每个工程各有其特点，共性少，难有一定格式可以沿用。所以，在设计过程中，要根据工程规模、特点和施工条件，以永久建筑物为中心，研究、解决主体工程施工及其辅助企业、交通道路、仓库、临时房屋、施工动力、给排水管线及其他施工设施等总体布置问题，即正确解决施工地区的空间组织问题，以期在规定期限内完成整个工程建设任务，并应注意下列几点。

（1）临时施工设施与水利水电枢纽工程永久性设施，应相互结合、统一规划。

（2）在确定施工临建设施项目及其规模时，应利用已有的当地企业（或附近地区和其他专业部门经营的设施）为水利水电工程施工服务的可能性与合理性。

（3）建设工程所在地区，如果有国家批准的城镇建设规划，施工总布置设计在满足工程施工需要和不增加（或增加很少）工程投资的前提下，应尽可能结合城镇建设进行布置。

（4）主要施工设施和主要施工工厂与防洪标准应根据工程规模、工期长短、水文特性及损失大小，选择防御5~20年重现期洪水的标准。若高于或低于此标准，则要进行论证。

（5）施工场内交通规划必须满足工程施工需要，适应施工程序、工艺流程；全面协调单项工程、施工企业、地区间交通运输的连接与配合；力求交通联系简便，运输组织合理，节省工程投资，减少管理运营费用。

（6）施工总布置设计应紧凑合理，节约用地，并尽量利用荒地、滩地、坡地，不占或少占良田。

（7）统筹规划堆、弃渣场地，必须做好土石方量平衡设计，在不影响防洪的情况下，尽量利用山沟、荒地、河滩堆渣，并做必要的疏导、排水工程。做好水土保持方案，如有条件，可适当考虑利用弃渣改土造田或做他用。如太平驿水电站利用弃渣堆填场地，为搬迁的村民修建房屋。

（8）施工总布置设计除应遵循本部门各有关专业规程规范外，还应参照执行各有关专业部门颁布的规程、规范和规定。

（9）凡属下列特殊类别地区，不经论证，不得布置施工设施：① 严重不良地质区域或滑坡体危害地区；② 受泥石流或雪崩危害地区；③ 国家或地方政府保护的文物、古迹、名胜区和自然保护区；④ 对重要资源开发有干扰的地区；⑤ 空气、水质、噪声等环境污染较严重地区；⑥ 受爆破或其他因素影响严重的地区。

（二）施工总体布置内容

施工总体布置应包括以下内容：一切原有的建筑物、构筑物（含地上、地下）；一切拟建的建筑物、构筑物（含地上、地下）；一切为拟建建筑物施工服务的临时建筑物和临时设施。该部分内容根据设计阶段不同，有不同的深度。

1. 可行性研究报告阶段的内容

① 论证选择对外交通方式。② 研究主要生产、生活设施的规模。③ 规划分区布置。④ 估算临建工程量和施工占地。

2. 初步设计阶段的内容

（1）选择对外交通方式及具体线路，提出选定方案的线路标准（包括改建、新建标准），重大部件运输措施，转运站、桥涵、隧洞、渡口、码头、仓库和装卸设施的规划与布置，水陆联运及国家干线的连接方案，对外交通工程施工进度安排。

（2）选定场内主要交通线路的规划、布置和标准；提出场内交通运输线路、工程设施工程量；提出在工程筹建期为施工单位进场施工创造条件的场内主要交通干线、桥梁、码头、车站、转运站、仓库、货场及装卸设施等工程项目的施工进度安排和技术要求；选定施工期间过坝交通运输方案；在永久和临时交通干线相结合时，提出场内交通干线的规划设计及其使用条件。

（3）确定施工现场分区布置（包括生产生活设施和交通运输等布置、占地面积及土石方工程量），设计场地平整土石方工程量、出渣及土石方平衡利用规划，设计各类房屋分区布置一览表，设计施工总布置图。

（4）设计工程施工期和工程筹建期所需要的总体施工征地面积、范围，以及两者的衔接和协调；制定各施工分区及分期施工场地范围内的各类移民、征地和实物指标，计算施工征地面积，制定分区分期施工的征地计划，研究征地再利用的可能性。

（5）确保工程筹建期和施工准备工程项目在布置、进度、施工之间的衔接和协调，设计工程筹建期的施工总布置图。

3. 施工设计阶段的内容

（1）在初步设计确定的施工总布置方案的基础上，根据全工程合同的组合和划分情况，分别规划出各个合同的施工场地与合同责任区，并标出明显的分区标志。

（2）对共用场地设施、道路等的使用、维护和管理等进行合理安排，明确各方的权利和义务。

（3）工程内外交通（包括施工期通航、过木设施）。本阶段应在初步设计施工交通规划的基础上，进一步落实和完善，并从合同实施的角度，确定场内外工程各合同的划分及实施计划。原则上对外交通和主要的场内交通干线、码头转运站等，由业主组织建设。各个作业场或工作面的支线，由辖区承包商自行建设。场内外施工道路、专用铁路及航运码头的建设，一般按照当地合同提前组织施工，以保证后续工程尽早具备开工条件。

（4）关于大型超限设备的运输问题，本阶段应与有关运输部门联系，共同研究制定超限运输措施并落实实施计划。在有条件的情况下，尽早考虑由承运单位与承包商直接拟定运输合同，尽量简化现场合同管理工作。

（5）在初设施工组织设计基础上，根据技术设计提供的更为精确的土石方开挖量及土石料填筑量，进行全工程范围内的土石方平衡设计，最终确定土石料场、堆弃渣场的位置、数量与规模。

（6）对施工期施工现场的"三废"、料场、堆渣场、弃渣场及露天开挖面等，均要按照国家有关法律与规定做必要的环保设计。

（7）对施工现场计划征用的土地，包括料场堆、弃渣场、作业场道路设施等占用的土地，均应本着节约的原则，认真考虑，并做出详细的分区分期征地计划。

（三）施工总布置规划原则及规划分区

1. 施工总布置规划原则

施工总体布置设计的基本原则为：应在因地制宜和利于生产、方便生活、快速安全、经济可靠、易于管理的原则指导下进行。同时，应注意以下几点。

（1）根据工程施工特点及进度要求，选择适当的临时施工设施项目和规模。

（2）根据地形地质条件和枢纽布置情况，以分区规划为重点，结合场内外主要交通运输线路条件，按照紧凑合理、节约用地、少占耕地的原则布置。

（3）做好土石方挖填平衡，在符合环保要求和不影响河道排洪及抬高下游水位的前提下，充分利用渣料形成施工场地。

（4）避免在下列地区设置施工临时设施。

① 严重不良地质区域或滑坡体危害地区。② 泥石流、山洪、沙暴或雪崩可能危害地区。③ 重点保护文物、古迹、名胜区和自然保护区。④ 对重要资源开发有干扰的地区。⑤ 受爆破或其他因素影响严重的地区。

（5）设在河道沿岸的主要施工场地，应根据工程规模、工期长短、河流水文特性等情况，选择 5~20 年重现期洪水标准予以防护，必要时应进行水力学模型试验，确定场地防护范围。

（6）在工程施工区内，当地政府若有城镇发展规划方案，则应在满足工程施工需要和不增加工程投资的前提下，适当结合城镇规划方案，设置各种临时生活福利设施，尽量使临建工程与永久设施结合。

（7）做好施工场地排水系统规划，并使废水排放符合环保要求。

（8）对工程弃渣应合理规划堆放，并采取水土保持措施，防止水土流失。

2. 施工总布置规划分区

施工总布置可按照以下功能分区。

① 主体工程施工区。② 施工工厂区。③ 当地建材开采区。④ 仓库、站场、码头等储运系统。⑤ 机电设备、金属结构和大型施工机械设备安装场地。⑥ 工程弃料堆放区。⑦ 施工管理中心及各施工工区。

第五节　水　闸

一、水闸的施工导流与地基开挖

水闸的施工导流与地基开挖一般包括引河段的开挖与筑堤、导流建筑物的开挖与填筑及施工围堰修筑与拆除、基坑开挖与回填等项目，工程量大。为此，在施工中应对土石方进行综合分析，做到次序合理，挖填结合。考虑施工方法（采用人工开挖还是机械开挖）、渗流、降雨等实际因素，研究并制定出比较切实合理的施工计划。

二、水闸施工中的混凝土浇筑顺序

水闸施工中混凝土浇筑是施工的主要环节，各部分应遵循以下浇筑顺序。

（1）先深后浅，即先浇深基础，后浇浅基础，这可以避免深基础的施工扰乱破坏浅基础土体，并可降低排水工作的难度。

（2）先重后轻，即先浇荷重较大的部分，待其完成部分沉陷以后，再浇筑与其相邻的荷重较小的部分，以减少两者间的沉陷差。

（3）先高后低，即先浇影响上部施工或高度较大的工程部位。如闸底板与闸墩应尽量先安排施工，以便上部桥梁与启闭设备安装施工，而翼墙、消力池等可安排稍后施工。

（4）穿插进行，即在闸室施工的同时，可穿插铺盖、海漫等上下游连接段的施工。

三、止水与填料施工

为减少地基的不均匀沉降和伸缩变形情况发生，在水闸设计中均设置结构缝（包括温度缝与沉陷缝），凡位于防渗范围内的缝，都设有止水设施。止水设施分为水平止水和垂直止水两种，缝宽一般为 1.0~2.5 cm，且所有缝内均应有填料。缝中填料及止水设施在施工中应按照设计要求确保质量。

（一）填料施工

填料常用的材料有沥青油毛毡、沥青杉木板及沥青芦席等。其安装方法有以下两种。

（1）将填料用铁钉固定在模板内侧，铁钉不能完全钉入，至少要留 1/3，再浇混凝土，在拆模后填料即可贴在混凝土上。

（2）先在缝的一侧立模浇混凝土并在模板内侧预先钉好安装填充材料的铁钉数排，并使铁钉的 1/3 留在混凝土外面，然后安装填料、敲弯钉尖，使填料固定在混凝土面上。缝墩处的填缝材料，可借固定模板用的预制混凝土块和对销螺栓夹紧，使填充材料竖立平直。

（二）止水施工

（1）水平止水。水闸水平止水大多利用塑料止水带或橡皮止水带。在浇筑前，将止水片上的污物清理干净，水平止水的紫铜片（金属止水片）的凹槽应向上，以便于用沥青灌填密实。水平止水片下的混凝土难以浇捣密实，因此止水片翼缘不应在浇筑层的界面处，而应置于浇筑层的中间。

（2）垂直止水。垂直止水可以用止水带或紫铜片，按照沥青井的形状，预制混凝土槽板，安装时需用水泥砂浆胶结，随缝的上升分段接高。沥青井的沥青可一次灌注，也可分段灌注。

四、闸底板施工

闸墩基础的闸底板及其上部的闸墩、胸墙和桥梁，高度较大、层次较多、工作较集中，需要的施工时间也较长，在混凝土浇筑完后，接着就要进行闸门、启闭机安装等工序，为了平衡施工力量，加快施工进度，必须集中力量优先进行。其他如铺盖、消力池、翼墙等部位的混凝土，可穿插其中，以利于施工力量的平衡。

水闸底板有平底板与反拱底板两种。目前，平底板较为常用。

（一）平底板施工

在闸室地基处理完成后，对软基宜先铺筑 8~10 cm 的素混凝土垫层，以保护地基，找平基面。垫层达到一定强度后，可进行扎筋、立模、搭设脚手架、清仓等工作。

在中小型工程中，采用小型运输机直接入仓时，需搭设仓面脚手架。在搭设脚手架之前，应先预制混凝土支柱，支柱的间距视横梁的跨度而定。然后在混凝土柱顶上架立短木柱、斜撑、横梁等以组成脚手架。当底板浇筑即将完成时，可将脚手架拆除，并立即对混凝土表面进行抹面。

当底板厚度不大时，可采用斜层浇筑法浇筑混凝土。当底板顺水流长度在 12 m 以内时，可安排两个作业组分层平层浇筑，该方法称为连坯滚法浇筑。先由两个作业组共同浇筑下游齿墙，待齿墙浇平后，第一组由下游向上游浇筑第一坯混凝土，抽出第二组去浇上游齿墙，当第一组浇到底板中部时，第二组的上游齿墙已基本浇平，然后将第二组转到下游浇筑第二坯，当第二坯浇到底板中部时，第一组已达到上游底板边缘，此时第一组再转回浇第三坯，如此连续进行。

齿墙主要起阻滑作用，同时可增加地下轮廓线的防渗长度。一般用混凝土和钢筋混凝土做成。如果出现以下两种情况，一般采用深齿墙：水闸在闸室底板后面紧接斜坡段，并与原河道连接时，在与斜坡连接处的底板下游侧方采用深齿墙，主要是防止斜坡段被冲坏后危及闸室安全；当闸基透水层较浅时，可用深齿墙截断透水层，齿墙底部深入不透水层 0.5~1.0 m。

（二）反拱底板施工

1. 施工程序

反拱底板不适用于地基的不均匀沉陷，因此必须注意施工程序。通常采用以下两种施工程序。

（1）先浇闸墩及岸墙，后浇反拱底板。可先行浇筑自重较大的闸墩、岸墙等，并在控制基底不致产生塑性开展的条件下，尽快均衡上升到顶，这样可以减少水闸各部分在自重作用下的不均匀沉陷。岸墙要尽量将墙后还土夯填到顶，使闸墩岸墙预压沉实，然后浇反拱底板，从而使底板的受力状态得到改善。此方法目前采用较多，适用于黏性土或砂性土，对于砂土、粉砂地基，由于土模较难成形，适用于较平坦的矢跨比。

（2）反拱底板与闸墩岸墙底板同时浇筑。此方法不利于反拱底板的受力，但较为适用于地基较好的水闸，可以减少施工工序，加快进度，并保证建筑物的整体性。

2. 施工技术要点分析

反拱底板一般采用土模，所以必须先做好基坑排水工作，保证基土干燥，降低地下水位，挖模前必须将基土夯实，根据设计圆弧曲线放样挖模，并严格按照要求控制曲线的准确性。在土模挖出后，先铺垫一层 10 cm 厚砂浆，待其具有一定强度后加盖保护，以待浇筑混凝土。

反拱底板与闸墩岸墙底板同时浇筑，在拱脚处预留一缝，缝底设临时铁皮止水，缝顶设"假铰",待大部分上部结构荷载施加以后,便在低温期浇二期混凝土。先浇闸墩及岸墙,后浇反拱底板,在浇筑岸、墩墙底板时,应将接缝钢筋一头埋在岸、墩墙底板之内,另一头插入土模中,以备下一阶段浇入反拱底板。岸、墩墙浇筑完毕后,应尽量推迟底板的浇筑,以便岸、墩墙基础有更多的时间沉陷。为了减小混凝土的温度收缩应力,浇筑应尽量选择在低温季节进行,并注意施工缝的处理。

五、闸墩与胸墙施工

(一)闸墩施工

闸墩施工的特点是高且薄,门槽处钢筋稠密,预埋件多,工作面狭窄,模板易变形且对闸墩相对位置要求严格等。所以,闸墩施工中的主要工作是立模和混凝土浇筑。

1. 模板安装

(1)对销螺栓、铁板螺栓、对拉撑木支模法。此法虽需耗用大量木材、钢材,工序繁多,但对于中小型水闸施工仍较为方便。立模时应先立墩侧的平面模板,后立墩头的曲面模板。应注意两点:一是要保证闸墩的厚度,二是要保证闸墩的垂直度。单墩浇筑时,一般多采用对销螺栓固定模板,用斜撑和缆风绳固定整个闸墩模板;多墩同时浇筑时,采用对销螺栓、铁板螺栓、对拉撑木固定。

(2)钢组合模板翻模法。钢组合模板在闸墩施工中应用广泛,常采用翻模法施工。立模时一次至少立三层,当第二层模板内混凝土浇至腰箍下缘时,第一层模板内腰箍以下部分的混凝土须达到脱模强度(以 98 kPa 为宜),这样便可拆掉第一层模板,用于第四层支模,并绑扎钢筋。以此类推,以避免产生冷缝,保持混凝土浇筑的连续性。

2. 混凝土浇筑

闸墩模板立好后,即可进行清仓,用压力水冲洗模板内侧和闸墩底面,污水由底层模板上的预留孔排出,清仓完毕,堵塞预留孔,经检验合格后,方可进行混凝土浇筑。闸墩混凝土一般采用溜管进料,溜管间距 2~4 m,溜管底距混凝土面的高度应不大于 2 m。施工中要注意控制混凝土面的上升速度,以免产生跑模现象,并保证每块底板上闸墩混凝土浇筑的均衡上升,防止地基产生不均匀沉降。

由于仓内工作面窄,浇捣人员走动困难,可把仓内浇筑面划分成几个区段,每个区段内安排固定的浇捣工人,这样可以提高工作效率。每坯混凝土厚度可控制在 30 cm 左右。

(二)胸墙施工

胸墙施工在闸墩浇筑后、工作桥浇筑前进行,全部重量由底梁及下面的顶撑承受。下梁下面立两排排架式立柱,以顶托底板。立好下梁底板并固定后,立圆角板再立下游面板,然后吊线控制垂直。接着安放围图及撑木,使其临时固定在下游立柱上,待下梁及墙身扎铁后再由下而上地立上游面模板,再立下游面模板及顶梁。模板用围图和对销螺栓与支撑脚手架连接。胸墙多属板梁式简支薄壁构件,在立模时,先立外侧模板,等钢筋安装完成后再立内侧模板。最后，要注意胸墙与闸门顶止水设备的安装。

六、门槽二期混凝土施工

（一）平板闸门门槽施工

采用平板闸门的水闸，闸墩部位都设有门槽，门槽混凝土中埋有导轨等铁件，如滑动导轨、主轮、侧轮及反轮导轨、止水座等。这些铁件的埋设有以下两种方法。

1. 直接预埋、一次浇筑混凝土

在闸墩立模时将导轨等铁件直接预埋在模板内侧，在施工时一次浇筑闸墩混凝土成形。这种方法适用于小型水闸，在导轨较小时施工方便，且能保证质量。

2. 预留槽二期浇筑混凝土

中型以上水闸导轨较大、较重，在模板上固定较为困难，宜采用预留槽二期浇筑混凝土的施工方法。在浇筑第一期混凝土时，在门槽位置留出一个大于门槽宽的槽位，并在槽内预埋一些开脚螺栓或插筋，作为安装导轨的固定埋件。

导轨安装前，要对基础螺栓进行校正，安装导轨过程中应随时检测垂直度。施工中应严格控制门槽垂直度，发现偏斜应及时予以调整。在埋件安装检查合格，一期混凝土达到一定强度后，需用凿毛的方法对施工缝进行认真处理，以确保二期混凝土与一期混凝土结合。

在安装直升闸门的导轨之前，要对基础螺栓进行校正，再将导轨初步固定在预埋螺栓或钢筋上，然后利用垂球逐点校正，使其铅直无误，最终固定并安装模板。模板安装应随混凝土浇筑逐步进行。

（二）弧形闸门的导轨安装与二期混凝土浇筑

弧形闸门虽然不设门槽，但闸门两侧需设置转轮或滑块，因此也需要进行导轨安装及二期混凝土施工。弧形阀门的导轨安装，需在预留槽两侧先设立垂直于闸墩侧面并能控制导轨安装垂直度的若干对称控制点，再将校正好的导轨分段与预埋的钢筋临时点焊接数点，待按照设计坐标位置逐一校正无误，并根据垂直平面控制点，用样尺检验调整导轨垂直度后，再焊接牢固。导轨就位后即可立模浇筑二期混凝土。二期混凝土应采用较细骨料细心捣固，不要振动已装好的金属构件。门槽较高时，不能直接从高处下料，可以分段安装和浇筑。在二期混凝土拆模后，应对埋件进行复测，并做好记录，同时检查混凝土表面尺寸，清除遗留的杂物，以免影响闸门启闭。

第三章 水利工程建设项目环境保护

◤◤◤ 第一节 概 述

一、环境管理术语

（一）环境定义

环境是指组织运行活动的外部存在，包括空气、水、土地、植物、动物、人等，以及它们之间的相互关系。

环境是由水、空气、土地、动物等丰富多样的介质组合而成的。

在生态环境之中，如果某种介质发生变化，某些群体也会随之发生改变，一般把这种群体称为受体，例如动物、植物、人等。在自然环境中被保护的目标一般称为受体，其中一部分受体由于本领不够无法完全保护好自己，需要受到人类的特别保护才能较好地在自然环境中生存，比如某些濒临灭绝的动植物。在环境里，还存在人类社会生存发展过程中不可或缺的自然资源，例如，石油、煤、太阳能等。

当然，环境也并非由以上几个方面简单拼凑而成，它由上述提到的全部物质和形态相互交织、组合在一起。它们之间相辅相成，一同组成一个完整的有机体，相互作用、相互依存、相互约束，且时刻维持着稳定的动态平衡，在生态环境中相依共生。基于以上各个方面，"组织运行活动的外部存在"可从组织的内部环境延伸到全球系统的大环境。

（二）环境因素

环境因素的定义是某一个组织的活动、产品和服务中能够和环境产生作用、相互影响的因素。重要环境因素是指可以或者可能在很大程度上引起重大环境变化的因素。

环境因素可以和环境彼此产生作用，并由此发生积极或者消极的环境变化；与此同时，环境因素与组织的活动、产品或服务之间紧密关联，而这些活动、产品或者服务中的有些部分又可以和环境彼此产生作用，这就是为什么环境会受到影响。

比如汽车行驶时尾气的排放，造成了城市空气污染，那么汽车的使用是活动，尾气中各类污染物的排放是环境因素，空气污染进一步影响人体的健康是环境影响。由于环境因素，环境发生改变，而环境影响又是环境因素作用于环境所形成的最终结果，也就是说环境因素和环境影响二者之间存在因果关系。

环境因素的重要性与它大概率引起的环境影响情况基本相同。什么是关键的环境要素呢？就是能够引起重大环境改变的要素。要评议环境因素究竟是否关键，离不开评议环境影响是否关键，这两方面紧密关联在一起。

（三）环境影响

环境影响是指在环境中发生的全部或部分来自组织的活动、产品或服务对环境有正面或负面影响。

环境的组成要素或要素间的相互关系发生了改变，就形成了环境影响。如河流水质的改变、空气成分的变化、生物种群的减少、人体的病变等都是改变后的现象，是结果。这些变化可能是有害的，也可能是有益的。人们更关注的是有害的变化，也就是那些负面的环境影响。

环境发生改变的根本原因是组织的活动、产品或服务的变化。活动可以包括组织的生产、采购、后勤、经营等多方面，是人类有目的、有组织地进行的。产品或服务是组织生产与经营的产出。所有这些活动、产品或服务都可能给环境带来正面或负面的影响。

（四）有关方

有关方一般是指十分关心并注意组织的环境绩效或者会因为环境绩效改变而改变的个人或团体。

有关方可以是团体，也可以是个人，两者都被囊括在内。二者的共同特点是关注组织的环境绩效，或受到组织环境绩效的影响。

受组织环境绩效影响的有关方与组织环境绩效的改善有较为密切的关系，可能造成经济或福利的损失，这一种类的有关方可能包括：邻近组织者（如邻接的工厂、附近的居民、下风向企业、河水的下游等）；与组织的活动和运作有紧密联系的人（如股东、供应商、客户、员工等）；关注与组织环境关联收益的有关方，可能包括各大银行、相关政府部门（如规划部门、环境部门等）、环境组织等。这些有关方可能间接地受到组织环境绩效的影响，从这个意义上讲，组织的有关方可以是整个社会。

（五）环境绩效

环境绩效是指某一组织按照它的环境方针、目的、指标，控制其环境因素而收获的可测量的环境管理体系结果。这一术语也被称为环境表现、环境行为等。

"绩效"能较好地表达环境的实际内涵，它代表了对于环境因素控制和环境管理的成绩与结果的综合评定，不仅包含了整个环境因素的掌控和管制，还包含了作用后的最终结果。

环境绩效是指环境管理体系运行的结果和效用，是按照环境方针、目的和指标的条件对环境因素实施掌控而取得的。所以，也能够用环境方针和指标最终完成的程度来定义环境绩效，也可以说这是对某一个或某一种环境因素的掌控。

环境绩效是可测量的，因而也是可比较的。可用于组织自身及组织与其他组织间的比较。

（六）污染预防

污染预防是指通过运用各种不同的技术手段、方法、材料或产品来预防、降低或管制污染。

可以使用不同方式和手段来控制或提前预防污染，从而提高资源利用率、降低成本。目前，已知的预防和稳定污染原则首先是从源头把污染尽量降低，最佳的抉择是不形成污染，其次是污染被降低和控制，最后才是进行必不可少的终端合理化治理，把污染程度降到最低。

可以利用管制方法和高效的技术办法等丰富多样的手段和方式来预防污染。以下有一些被广泛使用的预防办法可供选择：循环再利用、治理、改变方式、掌控机制、合理使用资源、材料替换等。

把持续改进、环境绩效、污染预防三个概念联系起来，持续改进是建立与保持环境管理体系的目的，环境绩效是检验多次改进以后的真实结果的规范，为了提升绩效，一般会运用各种预防污染的方式，这就意味着经过数次改进和提升，污染的预防能从中收获不凡的效用。

二、环境管理

（一）初始环评

当还未组织好环境管理体系时，可以由最初的环境评审对组织自身的管理系统实行全面调研与评析。评审可包括如下内容。

① 适用的法律法规及其遵循情况。② 活动、产品或服务中环境因素的辨别，对重点环境因素的评价审核。③ 对现有环境管理活动及流程的督查。④ 历史事件的核查及反馈想法等。

另外，环境因素的辨别与评议是实行起始环境评审最关键的内容，也是创建环境管理系统的要求。

（二）识别环境因素

（1）在组织活动、产品和服务中分辨环境因素。

组织活动、产品或服务中存在环境因素。组织的产出、运作和管理活动能够根据环境因素直接作用在环境里而发生相应的改变。此外，环境因素也会在产品中发挥作用，这体现在产品流通和产品消费领域中会出现相应的环境影响。组织活动、产品或服务则是组织环境因素的重点媒介，在辨别因素和实行因素管理时要洞察每个细节，要从环境因素相关的组织活动、产品或服务出发，对自身的活动做好管理，把产品改良得更优秀，让服务更高效。

（2）环境因素包含能够管控的和希望发生改变的，最终能够体现出生命周期的思维，能加大管理控制力度的环境因素是指组织本身可以管控、改良，加强治理，不受束缚处置的因素。组织自主创新设计研发的产品、生产加工过程、设备维护过程、办公活动中的环境因素也包括在内。

可施加影响的环境因素是指组织不能直接加以控制和管理的，即不能通过行政管理或其他技术手段等改变的某些环境因素。由于这类环境因素大多属于与组织关系较密切的有关方，因此往往可以通过某种利益关系对有关方施以影响，间接实现对环境因素的控制和管理。

识别环境因素时既要考虑现有环境因素，也应注意潜在环境因素的识别，从多个角度进行考察，以防缺漏。一般来说，要辨别环境因素，三种状态、三种时态及六个方面是必不可少的。

第一，三种状态：平常状态、异样状态和紧急状态。

第二，三种时态：过去时态、现在时态和未来时态。

第三，六个方面：水、气、声、渣、资源的合理且高效使用和土壤污染。这六个方面并不能包含所有环境问题，对于特种行业的特殊环境问题在组织运行时也要进行专门考虑，如放射性问题等。

（三）评价重要环境因素

评定环境因素是把辨别环境因素作为最基本的前提要求，在准确管理控制重点和更进一步的要求进程里，确立组织中的关键环境因素。重要环境因素是普遍具备或有概率具备的重点环境影响的因素，所以评价重要环境因素应该根据来源对环境因素有可能发生的环境改变进行最终评定。

传统的环境影响评价方法中已有不少较为系统和成熟的评价技术（如等标污染负荷、综合污染指数等），比较适合评价有具体的法规排放标准的污染因子。对于资源消耗、废物产生等环境因素的评价，则可根据外部要求的紧迫程度、技术的成熟度、目前组织的管理水平、对环境因素的控制能力，采用类比法、多因子打分法、专家评估法、物料平衡算法等进行评价。

在进行潜伏环境因素的风险评估时，如果要使用有风险的评估方法就必须重点考虑环境因素带来的风险是否可以承受、发生风险的概率高低及产生的后果是否严重等，从而多角度、多层次地分析和评判。

在对环境因素做评定的时候要考虑到环境与社会两方面的条件，与此同时不能忘记从组织经营、技术要求及管理要求这三个关键因素考虑，如在全社会和管理水平及生态环境这几方面，必须优先重点参考法律法规的基本要求、环境影响的规模和范围、环境发生变化严重与否、产生的次数、持续的时间，以及环境遭到破坏后能恢复到怎样的状态等。例如，在组织生产经营方面，可以重点注意变化的环境因素及其改变，治理或改进的预计支出，这种变化对其他活动的影响，有关方的注意，对组织公众形象的影响。

需要说明的是，关键环境因素和评议关键环境因素的方式及要求都是不固定的。在限定的时间内，对某个组织来讲，具有固定标准的环境因素评价方式对于规范地过滤和抉择关键环境因素有极大帮助，对关键环境因素实施系统规范化的管理为人们带来极高的便利性。为达成并实现持续改正标准要求的目标，需要相应地依照内外部管理条件对组织的经管照料进行合理的改正。

（四）制定环境管理方案

根据组织的环境方针和关键的环境因素拟定环境最终目标和基本指标，并分解到各部门，以实现对环境污染的预防、治理和持续改进。

（1）确定并核查环境目标和指标的来源。

① 环境方针。② 环境因素和重要环境因素。③ 法律法规和其他要求。④ 技术的先进性和可行性。⑤ 环境评审结果。⑥ 相关方的期望和要求。

为贯彻环境方针，高效达成环境目标与指标，应制定完整的环境管理方案。

（2）制定环境管理计划的内容。

第一，完成环境目标和指标需承担的责任和资源。

第二，完成环境目标和指标的办法与措施。

第三，完成环境目标和指标的工作进程。

制定环境管理计划需要斟酌生产活动、产品和服务的性质；除正常运行外，应考虑异常或特殊的运行情况。

遇到新产品开发，新的或修改的活动、产品和服务，应对原环境管理方案进行调整和修改，确保环境管理方案适应新情况。

（五）运行控制

根据管理体系要求，各部门对环境因素制定控制实施管理方案，对生产活动中可能出现的突发事件，制定应急预案。采取必要的监视测量手段对环境管理结果进行测量，根据测量结果采取纠正预防措施，以期达到持续改进的目的。

三、施工过程的环境保护

（一）大气污染的防治

（1）大气污染物的分类。

施工过程中会排放很多大气污染物，其种类至少有千余种，当前已经被业内人士发现的会破坏生态环境的就超过 100 种，其中有机污染物占据大多数。大气污染物主要以两种形式存在：气体和粒子。

第一种，气体状态污染物。气体状态污染物的明显特征是运动速度很快，能在各种介质中轻易扩散，平均地分布在附近的大气中。气体状态污染物又分为分子状态污染物和蒸气状态污染物两种。

分子状态污染物：在常温常压下以气体分子形式分布于大气中的物质，如燃料燃烧过程中产生的二氧化硫（SO_2）、氮氧化物（NO_x）、一氧化碳（CO）等。

蒸气状态污染物：在常温常压下易挥发的物质，以蒸气状态进入大气（如机动车尾气、沥青烟中含有的碳氢化合物等）。

第二种，粒子状态污染物：粒子状态污染物主要是指颗粒污染物，颗粒污染物是粒子形态的污染物，也可以称其为固体颗粒污染物，是散布在附近大气中的微液滴和固体颗粒物，颗粒直径一般为 0.01～100.00 μm，是一种又多又乱、不均匀的污染物。普遍情况下，根据颗粒状态、污染物受到重力作用而沉降的特点可分为降尘和飘尘。

降尘：受重力作用而高速下沉的固体颗粒，其颗粒直径多大于 10 μm。

飘尘：可以长时间飘浮在大气中的固体颗粒，颗粒直径小于或等于 10 μm，由于浮尘具有胶体性质，因此又可以叫它气溶胶。人类在呼吸时会轻易地把气溶胶吸入肺部，从而对人体健康造成一定的损害，所以它又被叫作可吸入颗粒物。施工现场的颗粒污染物主要有锅炉、熔化炉和厨房燃煤产生的烟尘，建筑材料破碎和筛分、研磨、投料、装卸、运输过程中产生的大量粉尘。

（2）大气污染的防治措施。

大气污染防治举措大多针对上述颗粒物和气态污染物进行防治。关键技术如下。

第一，除尘技术。

在气体中去除或收集固态或液态粒子的设备被称为除尘装置。主要种类有机械除尘装置、洗涤式除尘装置、过滤除尘装置和电除尘装置等。施工现场烧煤炭的茶炉、锅炉及炉灶等要配备上述装置。

施工现场的其他粉尘可以用覆盖和洒水的方式来预防。

第二，气态污染物处理技术。

吸收法：选用合适的吸收剂把空气中的 SO_2、H_2S、HF、NO_x 等吸收掉。

吸附法：使气体混合物和多孔固体相互接触，将气体混合物中的某种成分吸附在固体表层。

催化法：利用催化剂把气体中的有害物质转化为无害物质。

燃烧法：经过燃烧氧化把有毒有害气体中可燃和有害的物质转化为无害物质。

冷凝法：把气体中的污染物冷凝并从气体中分离出来。这种办法非常适合处理高浓度有机废气。如沥青气体的冷凝和石油产品的回收。

生物法：合理使用微生物的代谢过程，将废气中的气态污染物转化为伤害不大甚至没有伤害的物质。这种方法应用广泛，成本不高，不过仅限于治理浓度很低的污染物。

（3）施工现场大气污染的治理办法。

施工现场的废渣需要及时处理。

在处理高楼建筑垃圾时，必须使用密闭容器或运用其他方法来清理高空垃圾，绝对禁止从高空抛下。

施工现场的道路找专门的人员打扫，定期洒水，形成预防道路扬尘的制度。运输和储存细颗粒物料（如水泥、粉煤灰、石灰等）时，要进行封闭式覆盖，尽量防止和降低飞散。车辆从施工现场离开时须无泥沙，几乎不洒落泥土和灰尘，最大限度地降低对附近环境的污染。严格禁止在施工现场焚烧油毡、橡胶、塑料、皮革、树叶、干草、各种包装材料及其他可以产生有毒有害烟尘和恶臭气体的废弃物，符合条件的装置除外。机动车辆需要装配降低废气排放量的装置，确保符合国家标准。施工现场的茶炉尽可能采用电热水器。若只有燃煤茶炉和锅炉可用，也应该选取消烟除尘的茶炉和锅炉，大型炉具要选取消烟节能回风炉，把烟尘减少在允许排放的范围内。

搅拌站密闭，料仓上方装配除尘装置，使用有效方式管制现场粉尘污染。

拆除破旧建筑时，要洒适量的水，防止尘土飞扬污染环境。

（二）水污染的防治

（1）水污染物主要来源。

工业污染源：施工现场排放的废水会和很多水流一起流至水体中，最终成为自然水体。

生活污染源：食物残渣、食用油、粪便、合成洗涤剂、杀虫剂、病原微生物等。

农业污染源：化肥、农药等。

施工后排放的废水和废物最后会流至水体里，包括泥浆、水泥、油漆、各种油类、混凝土外加剂、重金属、酸碱盐、非金属无机毒物等。

（2）废水处理技术。

为了清洗和分离废水中的有毒有害物质，需要进行废水处理。废水处理方法共有四种，即物理法、化学法、物理化学法和生物法。

物理法：使用筛网过滤或沉淀、气浮等措施。

化学法：利用化学反应把污染物分离、分解或转变为无害物质的处理方式。

物理化学法：普遍使用吸附法、反渗透法和电渗析法。

生物法：利用微生物的代谢功能，把废水中的溶解态和胶状有机污染物降解，将有毒有害物质转变成无害物质，从而净化水质。

（3）施工期水污染治理方法。

不允许使用土方回填有毒有害的废弃物。

施工现场搅拌站产生的污水、现有水磨石产生的污水、电石产生的污水必须由沉淀池沉淀且达到标准后才能排放。最好的解决方法就是用沉淀后的水给施工现场洒水，从而减轻灰尘，或对其回收利用。现场储油时，仓库地面不可以透水。比如，采用不透水的混凝土地面、油毡等。使用时需要注意防止油跑、滴、漏，以免污染水体。施工现场大于100人的临时食堂要设置隔油池，方便排放污水，隔油池要定期清洁，以防造成污染。

施工现场的临时厕所和化粪池都需要采取防渗漏措施。中心城区工地的临时厕所可以是水冲式厕所，有防止蝇蛆污染水体和环境的措施，配备化学用品、添加剂等，应在仓库内妥善地保管和储存，避免污染环境。

（三）施工现场的噪声控制

（1）噪声的概念。

第一，声音与噪声。声音是由物体振动产生的，当频率在20~20000 Hz 时，作用于人的鼓膜而产生的感觉称为声音。"声环境"是由声音构成的环境。在环境中声音还未给人类、动物带来负面影响时，属于正常物理现象。反之，如果环境中的声音给人类的生存现状（如工作、日常活动等）造成了不良影响，这种声音就称为噪声。

第二，噪声的分类。按照噪声的振动性质可以分为气体动力噪声、机械噪声、电磁噪声。按照噪声的源头分为交通噪声（如汽车、火车、飞机等发出的声音）、工业噪声（如鼓风机、汽轮机、冲压设备等发出的声音）、建筑施工噪声（如打桩机、推土机、混凝土搅拌机等发出的声音）、社会生活噪声（如高音喇叭、收音机等发出的声音）。

第三，噪声的危害。噪声是影响与危害非常广泛的环境污染问题。噪声会干扰人的睡眠与工作、影响人的心理状态与情绪，造成人的听力损伤，甚至引起多种疾病。此外，噪声对人们对话的干扰也是相当大的。

（2）施工地对噪声的管控措施。

应从声音来源、传播途径、声音接收者的防护干预等方面对噪声进行有效防控。

（3）施工地对噪声的管理和控制。

需要从声音来源、传播途径、声音接收者的防护干预等方面对噪声进行高效预防和治理。

第一，源头防控。从源头减少噪声的产生，这是防治噪声污染的最高效和使用率最高的手段。

如果可以，一定要使用低噪声的设备和方式，例如，使用低噪声振捣器、鼓风机、电动空气压力机、电锯等。在声源上安装消声设备，即在通风机、鼓风机、压缩机、燃气机、内燃机及各类排气放空装置进出风管的合适位置设置消声器。

第二，预防管控传播途径。就传播路径来说，我们可以把控制噪声的方法分成下列几种。

吸声：利用吸声材料（大多由多孔材料制成）或由吸声结构构成的共振结构（金属或木质薄板钻孔制成的空腔体）吸收声音，从而降低噪声。

隔声：运用隔声的构造防止噪声传递，把声音接收者和噪声源头分隔开。隔声结构主要由隔音室、隔音罩、隔音屏障、隔音墙等构成。

消声：利用消声器阻止噪声传递。允许空气流通的减噪设施是防止空气动力学噪声的重要设备，例如对空压机、内燃机等设备使用的消声器。

减振降噪：可以利用降低机械振动的方式来缓解由振动产生的噪声，如在振动源上涂抹阻尼材料，或改变振动源与其他刚性结构的连接方式等。

首先，保护声音接收者。让所有在噪声环境下工作的人员佩戴耳塞等可以有效保护听力的产品，以此来减少接触噪声的时间，防止噪声对身体造成伤害。

其次，严格管控人为噪声。在进入工地时，严禁高声喧哗、没有任何原因地甩打模板，更不能随意乱吹口哨等，限制使用高音喇叭，尽可能地降低噪声对附近居民的负面影响。

最后，必须控制长期处于高噪声工作环境下的工程施工时长。对于那些长期位于人群密集地区从事高噪声工作的工程，一定要严格管控施工作业的时长，一般在晚上 10 点至第二天早上 6 点之间必须停止施工。如果有特殊原因，不得不在清早和深夜施工，必须想办法尽可能地降低噪声，一定要和建筑公司联络，积极与当地居委会、村委会或者当地的居民沟通交流，张贴好安民牌，需求得附近居民的理解。

（4）施工现场噪声的限值。

根据《建筑施工场界环境噪声排放标准》（GB 12523—2011）的要求，不同施工作业的噪声有不同限值。在工程施工中，要特别注意不得超过国家标准的限值，尤其夜间禁止打桩作业。

（四）固体废物的处理

（1）对固体废弃物合理分类。

固体废物一般是指在生产、施工、生活等场合产生的以固体或者半固体方式存在的废弃有害物质。固体废物是一种特别复杂的废弃物体系。按照垃圾的化学成分组成，可将其分成有机废物和无机废物两类；按照垃圾的危险等级，又可将其分成普通废物和有害废物两类。

（2）施工进程中产生的普通废弃物。

建筑废料：砖瓦、碎石、渣土、水泥碎块、废钢铁、碎玻璃、废料、装饰材料等。

废旧建材：以零散水泥、石灰等为主。

生活垃圾：一般有炊厨废物、废弃的食品、废纸、玻璃、陶瓷碎片、废电池、废塑料制品、煤灰渣、物料等。

废旧设备：废交通工具。

（3）固体废物对环境的危害。

固体废物的环境危害程度远远超过人们的想象。从以下几个方面具体阐述。

占用耕地：过量固体废弃物堆积在一起，会对耕地、植物产生直接威胁和损害。

污染土壤：随着垃圾不断堆存，不断生成的有毒物质能够轻易污染土地，使农作物没有办法照常产出。某些有害有毒物质对土壤中的微生物具有杀灭效果，可能使土壤丧失腐解作用。

污染水源：固体废弃物经过水的长时间浸泡后会被溶解，其生成的有害有毒物质会随地面的雨水渗透，从而对地下水及地表水造成大量污染。这些固体废弃物也有可能被风沙带到水里，导致环境污染。

污染大气：以细颗粒的形态存在于废料残渣和建筑材料中，以及材料堆积和运输的进程中，随风四处飘散，空气中的尘埃废弃物含量上升；在垃圾焚烧等操作过程中，也会排放过量有害有毒气体，导致空气严重污染。

对环境卫生产生负面影响：由于固体废弃物过量堆积会导致蚊蝇滋生，恶臭四溢，会极大地影响施工现场及周边环境的卫生，也会对施工人员和工地附近居民的身体健康有所损害。

（4）固体废物的处理和处置。

第一，固体废物处理的基础步骤是运用"资源化""减量化""无害化"三种方法对固体废弃物处置的整个过程进行管理控制。

第二，固体废物的清理方法。

循环利用：循环利用是对固体废物回收再利用，从而实现固体废弃物的资源化、减量化。对于工程废渣，按照规定的要求进行综合利用。废料可用作所需的金属原料。如废旧电池应该被分批回收，集中处置。

减量化处理：减量化是指对已生成的固体废弃物进行分选、破碎、压实浓缩、脱水等处理，使最后的处理量大大减少，降低处理的开支，进一步减少可能造成的环境污染。其中还涉及其他处置方法，如焚烧、裂解、堆肥等。

焚烧技术：对于没有办法进行循环利用，也不能直接填埋的废弃物质，尤其被病菌、病毒污染的物体，可以通过燃烧来实现无害化。在垃圾焚烧处理的过程中，需要使用环保的处置设施，与此同时要注意不会对环境造成二次污染。

稳定和固化技术：使用水泥或沥青等胶凝物质，把疏松的废弃物质包裹起来，以此减少废弃物质的毒性及可移性。

填埋：将垃圾经由无害化和减量化处理后，收集送至垃圾填埋场。在填埋过程中，应当使用自然或人为的隔离物，尽可能地把需要处理的固体废弃物质和附近的生态系统严格隔绝起来。不能轻视固体废弃物质的稳定性。

第二节　水利工程建设项目环境保护要求

一、环境保护法治和制度

当前，我国已经形成由法律，国务院行政法规，政府部门规章，地方性法规和地方政府规章、环境标准，环境保护国际条约构成的较完整的环境保护法律法规体系。

（一）环境保护法律

环境保护法律的主要内容有：环境保护综合法律、单行法律及与环境保护有关的法律。

《中华人民共和国环境保护法》于1989年通过，至2014年历经8次修订，共分7

章70条，其中，第一章"总则"，主要阐述了环保的任务、对象、适用范围、基本原则、环保监管制度等内容；第二章"监督管理"，主要涉及制定环境标准的权限、程序及执行的要求，对环境监测及发布情况公报的管理，对环境保护计划的制定及对建设项目的环境影响评估，对现场监管制度，以及对跨区域环境问题的处理等方面的内容；第三章"保护和改善环境"，对环境保护责任制、资源保护区、自然资源开发利用、农业环境保护、海洋环境保护作了规定；第四章"防治污染和其他公害"，主要是对排污企业的基本要求、"三同时"制度（排污申报制度、排污收费制度、限期治理制度）、防止污染转移与紧急情况处理等方面的内容进行了阐述；第五章"信息公开与公众参与"，规定了违反本法有关规定的法律责任；第六章"法律责任"，规定了国内法与国际法的关系；第七章"附则"，规定了本部法律的施行日期。

环境保护单行法律由《中华人民共和国水污染防治法》《中华人民共和国大气污染防治法》《中华人民共和国固体废物污染环境防治法》《中华人民共和国环境噪声污染防治法》《中华人民共和国放射性污染防治法》等法律及其他法律组成。生态保护法包括《中华人民共和国水土保持法》《中华人民共和国野生动物保护法》《中华人民共和国防沙治沙法》《中华人民共和国海洋环境保护法》《中华人民共和国环境影响评价法》。与环境保护相关的法律法规是指《中华人民共和国森林法》《中华人民共和国草原法》《中华人民共和国渔业法》《中华人民共和国矿产资源法》《中华人民共和国水法》《中华人民共和国清洁生产促进法》《中华人民共和国节约能源法》等自然资源保护及其他与环保、节能等相关的部门法。这是一系列与环保相关的法律法规，也是我国环保法律制度的重要组成部分。

（二）环境保护行政法规

环境保护行政法规是指由国务院制定并颁布，或经国务院批准有关部门公布的环境保护规范性文件。一是根据法律授权制定的环境保护法的实施细则或条例，如《中华人民共和国水污染防治法实施细则》；二是针对环境保护的某个领域而制定的条例、规定和办法，如《建设项目环境保护管理条例》等。

（三）政府部门规章

政府部门规章是指国务院环境保护行政主管部门单独发布，或与国务院相关部门联合发布的环境保护规范性文件，还有政府其他有关行政主管部门依法制定的环境保护规范性文件。政府部门的规章，是根据环保法律、行政法规，对一些还没有相关法律、行政法规的事项进行规范的。

（四）环境保护地方性法规和地方性规章

地方环保法规、条例是具有立法权限的地方行政机关、地方政府部门根据《中华人民共和国宪法》及有关法律而制定的规范环保行为的规范性文件，这些标准从具体的环境问题出发，结合地方实际加以施行，具有很强的可操作性。需要注意的是以地方环境保护条例为依据而制定的环保法律、行政规章不得与国家的法律、行政规章发生冲突。

（五）环境标准

构成环境保护法律法规体系的成分之一就是环境标准，环境执法和环境管理工作正常施行的前提条件也是环境标准。目前，国内的环境标准包括国家环境标准和地方环境标准，如《建筑施工场界环境噪声排放标准》（GB 12523—2011）等。

（六）环境保护国际公约

环境保护国际公约是指我国缔结和参加的环境保护国际公约、条约和议定书。国际公约与我国环境法有不同规定时，优先适用国际公约的规定，但我国声明保留的条款除外。

（七）环境保护法律法规体系中各层次间的关系

《中华人民共和国宪法》是构建环境保护法律法规体系的前提和基础，无论是环境保护的综合法、环境保护的单行法还是环境保护的相关法，对环境保护的要求，其法律效力都是相同的。在法律条文之间存在矛盾时，应当遵循后法优先的原则。

在我国，国务院环境保护行政法规的法律地位是在法律之后的。部门行政规章、地方环保规章和地方政府规章，都不能违反法律法规。

我国的环境保护法律法规如与参加和签署的国际公约有不同规定时，应优先适用国际公约的规定。但我国声明保留的条款除外。

二、建设项目环境保护

根据《中华人民共和国环境保护法》《中华人民共和国环境影响评价法》《建设项目环境保护管理条例》，对建设项目的环境保护作出如下规定。

（一）环境影响评价

1. 概念

环境影响评价是一种分析、预测和评估。在规划和建设项目执行过程中，对于可能产生的环境影响，对其进行相应防范，需对其进行追踪和监控。

2. 环境影响评价编制资质

对工程项目进行环保评估，国家实行环保部门的环保审批制度。

从事建设项目环境影响评价工作的单位，必须取得国务院环境保护行政主管部门颁发的资格证书，按照资格证书规定的等级和范围，从事建设项目环境影响评价工作，并对评价结论负责。在开展工作的过程中，应遵守国家有关法律法规，严格按照国家规定的程序和标准开展工作，以确保工作质量。

国务院环境保护行政主管部门对已经取得资格证书的从事建设项目环境影响评价工作的单位名单，应当定期予以公布，以确保社会公众能够获得可靠的信息，从而有利于提高环境保护工作的效率。

从事建设项目环境影响评价工作的单位，必须严格执行国家规定的收费标准，不得超出规定的范围收费。建设单位可以采取公开招标的方式,选择从事环境影响评价工作的单位,对建设项目进行环境影响评价,而不是指定某一家单位。另外,任何行政机关都不得为建设单位指定从事环境影响评价工作的单位,也不得让其自行完成环境影响评价工作。

3. 分类管理

针对建筑项目对环境的破坏程度,国家给予了相关管理,并依照以下几个方面分别进行管控。

(1)建设工程对环境可能造成巨大影响的,应编制环境影响报告书,并对其影响进行全面、详尽的评价。

(2)建设工程对环境可能造成轻微影响的,应制定环境影响报告表,并对其影响进行深度分析或者加以专项评价。

(3)建设工程对环境影响微乎其微,无须对其环境影响进行评估,应当填写环境影响登记表。

建设项目环境保护分类管理名录,由国务院环境保护行政主管部门制定并公布。

4. 环境影响报告书的内容

建设项目环境影响报告书,应当包括下列内容。

(1)建筑项目概况。

(2)建设项目周围环境现状。

(3)对建设项目可能造成影响的分析、预测与评估。

(4)环境保护措施及其经济、技术论证。

(5)环境影响经济损益分析。

(6)对建设项目实施环境监测的建议。

(7)环境影响评价结论。

涉及水土保持的建设项目,还要有一套经过有关部门审核并通过的水土保持规划。

5. 环境影响报告要求

(1)建设工程的环境评估工作的开展,由取得相应资质证书的单位承担。

(2)建设单位应当在建设项目可行性研究阶段报批建设项目环境影响报告书、环境影响报告表或者环境影响登记表。

按照国家有关规定,不需要进行可行性研究的建设项目,建设单位应当在建设项目开工前报批建设项目环境影响报告书、环境影响报告表或者环境影响登记表。其中,需要办理营业执照的,在此之前,必须提交审批建设项目的环境影响报告书、环境影响报告表或环境影响登记表,才能取得相应的许可。

(3)建设项目环境影响报告书、环境影响报告表或者环境影响登记表,要通过建设单位向环境保护行政主管部门审核;建设项目有行业主管部门的,其环境影响报告书或环境影响报告表应当经行业主管部门预审批之后,报向有审批权的环境保护行政主管部门审批。

（4）海洋工程建设项目环境影响报告书或者环境影响报告表，应当按照海洋行政主管部门的审核标准进行审核，并在审核后签署意见，报环境保护行政主管部门审批；环境保护行政主管部门应当自收到建设项目环境影响报告书之日起60日内、收到环境影响报告表之日起30日内、收到环境影响登记表之日起15日内，分别作出审批决定，并书面通知建设单位；预审、审核、审批建设项目环境影响报告书、环境影响报告表或者环境影响登记表，不得收取任何费用。

（5）项目的环境影响报告书、环境影响报告表或者环境影响登记表在审批后，其性质、规模、位置或者采用的生产工艺等发生重大改变的，应由有关部门提出申请。如果一个建设项目的环境影响报告书、环境影响报告表或者环境影响登记表在批准5年后开始施工，那么它应该向原来的审批部门再次提交并经由审批。原审批部门在接到建设项目的环境影响报告书、环境影响报告表和环境影响登记表后，应当在10日之内以书面形式告知建设单位。不在规定时间内提出申请，则被认为是对审核结果的认可。

（6）有权批准环评报告。

国务院生态环境主管部门负责审批下列建设项目环境影响报告书、环境影响报告表或者环境影响登记表。

第一，跨省、自治区、直辖市行政区域的建设项目。

第二，具有特殊性质的建筑工程（例如核设施、绝密工程等）。

第三，由国务院审批的或者由国务院授权有关部门审批的建设项目。

以上规定以外的建设项目环境影响报告书、环境影响报告表或者环境影响登记表的审批权限，由省、自治区、直辖市人民政府规定。

建设项目可能造成跨行政区域环境影响，有关环境保护行政主管部门对环境影响评价结论有争议的，其环境影响报告书、环境影响报告表或者环境影响登记表由共同上一级环境保护行政主管部门审批。

（二）环境保护设施建设

（1）环境保护建设项目所需的有关项目的环境保护设施，必须与主体工程同时设计、同时施工、同时投产使用。

（2）在进行初步设计时，应根据环保设计规范的规定，制定相应的环保条款，并根据已核准的建设项目的环境影响报告书或者环境影响报告表，在环境保护规范中进行预防和治理环境污染与生态破坏的手段及环保设施资金预算。

（3）在建设项目的主要工程完成后，需进行试投产的，与其配套的环保设施应与主要工程同步进行试投产。

（4）在工程试投产的过程中，施工企业要监督工程的环保设备的使用状况，以及工程的环保效果。

（5）建设项目竣工后，建设单位应向批准建设项目环境影响报告书、环境影响报告表或环境影响登记表的环保行政主管部门提出对与其相适应的环保设施进行竣工验收的申请。

环保设施的竣工验收，必须在主体工程的竣工验收中完成。需要进行试投产的建设项目，建设单位应当自建设项目试投产之日起 3 个月内，向审批该建设项目环境影响报告书、环境影响报告表或者环境影响登记表的环境保护行政主管部门，申请该建设项目需要配套建设的环境保护设施竣工验收。

（6）建设项目的分阶段建设、分阶段投产工作后，进入分阶段验收。

（7）环保行政部门在接到环保设施竣工验收申请书后，应当在 30 日内对环保设施进行验收。

（8）工程所需的环保设备，经验收合格后，工程才能正式投产。

（三）法律责任

（1）如有违反相关规定的，凡有以下任何一种情况的，由负责审批建设项目环境影响报告书、环境影响报告表或者环境影响登记表的环境保护行政主管部门责令停工；在规定期间内，未办理相关手续的、擅自施工建设的，责令停工，可以处 5 万元以上 20 万元以下的罚款。

第一，未向有关部门报送审批建设项目环境影响报告书、环境影响报告表或者环境影响登记表的。

第二，建设项目的性质、规模、地点或者采用的生产工艺发生重大变化，未重新报批建设项目环境影响报告书、环境影响报告表或者环境影响登记表的。

第三，建设项目的环境影响报告书、环境影响报告表或者环境影响登记表在被批准之日算起 5 年后，才开始进行建设，而其环境影响报告书、环境影响报告表或者环境影响登记表没有向原审批机关进行再次审查的。

（2）违反条例规定，试生产建设项目配套建设的环境保护设施未与主体工程同时投入试运行的，由审批该建设项目环境影响报告书、环境影响报告表或环境影响登记表的环境保护行政主管部门责令限期改正处 5 万元以上 20 万元以下的罚款；逾期不改正的，责令停止试投产，可以处 20 万元以上 100 万元以下的罚款。

（3）违反条例规定，在 3 个月内没有提出环保设施的竣工验收，则应当由核准其环境影响报告书、环境影响报告表或环境影响登记表的环保管理部门，责令其在期限内完成环保设施的竣工验收；在规定期限内不进行试验的，将被责令暂停试验，并处罚金 5 万元。

（4）违反条例规定，建设项目需要配套建设的环境保护设施没有建成、没有验收或者没有验收合格，而主体工程已经正式投入生产或者使用的，由审批该建设项目环境影响报告书、环境影响报告表或者环境影响登记表的环境保护行政主管部门责令其停止生产或者使用，并可以对其处以 20 万元以上 100 万元以下的罚款。

（5）从事建设项目环境影响评价工作的单位，在环境影响评价工作中弄虚作假的，由县级以上环境保护行政主管部门吊销资格证书，并处所收费用 1 倍以上 3 倍以下的罚款。

（6）环保局对违反有关规定，徇私舞弊、滥用职权、玩忽职守，构成犯罪的工作人员，依法追究刑事责任；情节不构成犯罪的，依法予以行政处罚。

三、建设项目环境保护程序

按照《建设项目环境保护管理程序》，建设项目环境保护的环境管理及流程主要有五大环节。

（一）项目建议书阶段或预可行性研究阶段的环境管理

（1）根据建设单位的选址情况，对建成投入使用后可能产生的环境影响，作出一份简短的报告（或初步的环境影响评估）。

（2）环境保护部门参加工地选址的现场踏勘。

（3）由省级环境保护主管机关签字，并在项目提案中加入建议书作为立项依据。

（二）可行性研究（设计任务书）阶段的环境管理

（1）国务院环境保护主管部门及相关产业主管部门，按照国家发展改革委和相关部门的项目批准文件，要求施工企业严格落实环境影响报告书（表）审核制度。

（2）由建设单位向国务院环境保护主管部门请示，并决定作一份报告书或报告表。由具有甲级评估资质的机构制定环境影响报告表，或审评大纲（环评实施方案）。

（3）施工企业向国务院环境保护主管部门申请的环境影响评价大纲（环评实施方案），抄送行业主管部门，同时附立项文件及环评经费概算，国务院环境保护主管部门根据情况确定审查方式（组织专家评审会、专家现场考察并征求有关部门意见），提出审查意见。

（4）按照环保总局提出的"大纲"评审意见（主要是评估的范围、选择的准则、所确立的保护目的、环境因素的选择、评估的资金来源等）及确定内容的概要，评估机构与施工企业签署评估协议，进行评估，并编写环境影响报告。

（5）若工程项目有较大变动，建设企业与评价单位应及时向环境保护部门报告。

（6）施工企业将制定好的报告书（表），按照批准权限，向上级环保部门报送，并抄送国务院环境保护主管部门及项目所在地的省级和市级环保部门。

（7）由环保部门负责对环评报告（表格）进行预审查，并将经审查后的两份环评报告（表格）及经修订后的环评报告（表格）报国务院环境保护主管部门批准。省环境保护机构将在同一时间内向国务院环境保护主管部门报送审查意见。国务院环境保护主管部门在接到预审意见之日起两个月内批复或签署意见。逾期不批复或未签署意见，可视为上报方案已被确认。

（8）国务院环境保护主管部门可委托省级环保部门审查大纲或审批报告书（表）。

（9）国务院环境保护主管部门参与对环保有重要意义的工程的可行性论证工作。

（三）设计阶段的环境管理

建筑工程的设计通常分为两个阶段，一个是初步设计，另一个是施工图纸的设计。对一些技术上比较复杂、没有相关设计经验的工程，可以由有关部门决定增设技术性设计环节；在某些工业中，为了解决诸如整体发展计划和建筑总布局这样的主要问题，可以进行整体计划设计或者整体设计。

1. 初步设计阶段的环境管理

（1）在建设项目的初期设计阶段，应根据《建设项目环境保护设计规定》进行环保章节的编写，严格执行环评报告（表）及核准意见中所列的环保措施、投资预算等内容。

（2）在设计会审之前，施工企业将其设计方案提交给当地环境保护主管部门。

（3）特大型（重点）建设项目按照审查权限由国务院环境保护主管部门或由国务院环境保护主管部门委托省级环境保护主管机关参与设计核查，对于一般工程项目由省级环境保护主管机关参与设计核查。环境保护部分如有需要，可以分别进行环境保护部分的审查。

2. 工程图纸编制过程中的环境管理

（1）按照初期初审要求，由建筑企业与设计企业联合，将环境保护项目的设计和环境保护投资列入施工图中。

（2）由环境保护部门负责监督。

（3）施工企业提交开工审批书。经审批后，纳入本年度规划的建设项目中，并将相关的环境保护投入。

（四）施工阶段的环境管理

（1）建设企业应与施工企业共同对环境保护项目的建设和资金运用等资料进行整理和归档，并按照季度向环境保护主管部门报告项目进展。

（2）环境保护部门对环境保护申请文件的齐全程度、环境保护项目的内容、项目的实施、投资的完成程度进行审核。

（3）建筑企业和施工企业共同承担环境保护责任，按照环境保护部门的规定，实施工程项目的各项环境保护措施；重点对工地周边环境进行保护，避免对自然环境产生破坏；预防和减少对周边起居环境产生粉尘、噪声、振动等污染和破坏。工程完工后，建筑企业应对工程造成的损害进行修复。

（五）试运行和竣工验收阶段的环境管理

（1）施工企业应向上级主管机关及环境保护部门提出试运行文件申请。

（2）环境保护项目在项目审批通过后，应在项目建设完成后，与主要项目同步试运转。做好试运行记录，并应由当地环保监测机构进行监测。

（3）建设单位向行业主管部门和环保部门提交环保工程预验收申请报告，附试运转监测报告。

（4）省级环保部门组织环境保护项目的前期验收。

（5）施工企业应按照环境保护部门对工程提出的建议进行管理实施，并进行初步验收。经初步验收合格后，才能对施工企业进行工程的最终验收。

（6）重大型（重要）工程，应由国务院环境保护主管部门参与，或委托省级环保主管机关参与，并取得有关工程的环保验收证书。

第三节　水利工程建设项目水土保持管理

一、水土流失概述

（一）水土流失的定义

水土流失是指在水力、风力、重力等外力的影响下，雨水不能就地消纳，顺势下流、冲刷土壤，造成水分与土壤共同流失。水土流失包括土壤侵蚀和水分流失，也称为水土损失。土壤侵蚀的形式除了有雨滴溅蚀、片蚀、细沟侵蚀、浅沟侵蚀、切沟侵蚀等典型的形式之外，还有山洪侵蚀、泥石流侵蚀和滑坡等形式。水分损失主要包括植被截留损失、地表和水面蒸发损失、植被蒸腾损失、深层渗漏损失和坡面径流量损失等。在我国的水土流失观念中，水分损耗主要指坡面的产流损耗。

我国是一个西部高、东部低的国家，国土面积大约有三分之二是山地、丘陵和平原。由于我国独特的地理位置和社会经济状况，水土流失问题在全球范围内都十分突出，我国是世界上水土流失最为严重的国家之一。

在我国，水土流失具有以下特征：① 水土流失范围大、分布面广。② 土壤侵蚀的类型和方式多种多样。水力、风蚀、冻融、滑坡和泥石流等重力侵蚀具有不同的特征，它们之间相互影响，形成一个复杂的成因体系。例如：西北黄土高原区、东北黑土漫岗区、南方红壤丘陵区、北方土石山区、南方石质山区，都以水力侵蚀为主要特征，同时还伴有大量重力侵蚀；在青藏高原地区，冻融作用占主导地位；在西北干旱区、风沙区、草原区，土壤侵蚀十分强烈。

（二）水土流失的危害

在我国，水土流失的危害已经非常严重。水土流失不仅对土地资源具有极大的破坏性，还伴随着农业生产环境的退化，生态平衡的失调，水旱灾害的频发，更影响实业生产的发展。其主要危害如下。

1. 对土地的毁坏，对耕地的侵蚀，对人民生活的威胁

土地是生态系统的基础，也是人类赖以生存最根本的资源。由于多年的水土流失，土壤厚度逐渐减小，表层材料逐渐"沙化""石化"，这些现象对生态环境造成了极大的影响。目前，我国每年由土壤侵蚀造成的耕地面积减少达13.3万平方千米，严重影

响了当地人民的生活，其经济价值已经无法用金钱来衡量。

2. 土壤退化和旱情恶化

坡耕地因水土流失，形成水、土、肥的"三跑田"，土壤变得越来越贫瘠；同时，土壤的物理性质和化学性质发生变化，土壤的渗透性和保水性降低，进一步加重了旱情，导致作物产量降低和不稳定，严重时可导致作物减产。根据实测数据，多年来，黄土区年平均损失 16 亿吨的泥沙，其中的氮、磷、钾损失约为 4000 万吨，而在我国东北，由土壤侵蚀造成的氮、磷、钾损失达 317 万吨。

3. 河床淤积，水患加重

由于水土流失的作用，大量沉积物向下冲，在下游河床堆积，河床的抗洪能力减弱，已然抵挡不住上游的洪水。在最近的数十年里，特别是最近几年，长江、松花江、嫩江、黄河、珠江、淮河等发生的洪涝灾害带来的损失是惊人的。这一切都和水土流失造成的河床淤积有着很大的关系。

4. 库区湖水淤塞，影响库区的综合利用

由于水土流失，洪水、旱涝等灾害发生，许多水库、湖泊淤积，对水利工程的建设与效益造成了极大的危害。

5. 对航运造成不利的影响

水土流失导致河道、港口淤积，进而导致船舶的航行里程、停泊船舶的数量大幅减少。并且，在每年的洪峰期间，水土流失引起的山体塌方、泥石流等导致的交通瘫痪在我国也屡见不鲜。

二、水土保持

在全球范围内，水土保持工作已有较长的历史，积累了较多的经验。20 世纪以来，人们对水土流失的规律性进行了初步研究，并提出了一些具有代表性的治理措施。新中国成立以后，国家对水土保持给予了高度关注，并通过多年实践，形成一套以小流域为单位，进行综合规划和综合治理的方法。1991 年颁布的《中华人民共和国水土保持法》使我国水土保持步入了依法防治的轨道。1998—2000 年国务院先后批准实施了《全国生态环境建设规划》及《全国生态环境保护纲要》。21 世纪初，我国提出了水土保持与生态建设的总体要求，并把这两项工作列为"可持续发展"与"西部大开发"的主要内容之一。近年来，国家采取了积极的财政政策，动用国家公债，对长江上游、黄河中游、环京津平原等区域进行了一系列重要的生态建设项目，包括水土保持重点工程、退耕还林工程、沙漠化防治等。

（一）我国水土保持的成功做法

我国在过去的半个世纪，探索出一条中国特色的水土流失综合治理之路。其主要工作内容如下。

（1）坚持以防为主，严格依法防治水土流失，强化法律法规的实施和工程建设的监管，对人为的水土流失进行有效治理。

（2）以小流域为单元，科学规划，综合治理。

（3）治理与开发利用相结合，实现三大效益的统一。

（4）对水资源进行优化分配，使生态用水得到合理分配，处理好生产、生活与生态用水之间的关系。与此同时，在进行水土保持和生态建设的过程中，对水资源的承载能力进行充分考量，做到因地制宜，因水制宜，适地适树，宜林则林，宜灌则灌，宜草则草。

（5）以科学技术为支撑，提升政府管理的层次与效率。

（6）构建以政府为主导、以市场为主体的经营体制。

（7）加大宣传力度，增强广大群众对土壤保护的认识。

（二）水土保持的基本原则

水土保持必须贯彻预防为主，全面规划，综合防治，因地制宜，加强管理。要贯彻注重效益的方针，必须遵循以下治理原则。

① 因地制宜，因害设防，综合治理开发。② 防治结合。③ 治理开发一体化。④ 突出重点，选好突破口。⑤ 规模化治理，区域化布局。⑥ 治管结合。

（三）治理措施

为完成水土保持的目标与任务，要注意以下方面。

（1）坚持以水为本，加强对以水为本的监管，加强对以水为本地区的监测与执行。认真贯彻《中华人民共和国水土保持法》，加强广大人民群众的水旱灾害防治意识，加强法律法规建设，有效控制人为水旱灾害，切实做到对已有植被进行有效保护。加强对发展和建设工程的水土保持工作，使土壤侵蚀治理工作走上法治轨道，为水的可持续利用提供保障。

（2）实施分区管理、分级管理。在西北黄土高原地区，在稳定、丰产的基础上，重点抓好沟渠整治和退耕还林、还草等工作。在黑土区，为了实现生态环境的保护与修复，采取一系列保土措施。在南部红壤丘陵地区，采用"封山""增加植被覆盖面""以电代煤"等方法解决农村的能源问题。在土石山区，进行坡地改良，大力发展水土保持林、水源涵养林等。在西南石灰岩区，采取在坡地上进行坡地改良、蓄水保土等措施治理石漠化。在草原区，实行围垦、封育、轮牧和休牧，并建立人工草地。

（3）在大面积的区域内，应加大对湿地的围封和保护力度，充分发挥湿地自身的恢复功能。以人与自然的关系为基础，对人与自然的关系进行调控，以实现人与自然的和谐。对农业和畜牧业的生产方式进行积极调整，在生态脆弱的区域，进行封山禁牧、舍饲圈养，利用大自然的力量，特别是生态的自我修复能力，增加植被，缓解土壤侵蚀，对生态环境进行改善。

（4）要在长江上游、黄河中游和京津等区域，持续推进一批重大生态建设项目，以改善当地的生态环境，改善当地居民的生活质量，实现可持续发展。同时大力推进退耕还林，加强对天然森林的保护工作，以减少植被破坏和水土流失。还要加快调水步伐，加强水资源和工程建设，大力推进南水北调工程，以解决我国北部水资源紧缺的问题，提高我国水资源的利用水平。同时可以通过对内江流域的生态水资源配置，实现绿洲的恢复与荒漠化的控制，使当地生态环境得到有效改善。在内陆河流域合理安排生态用水，恢复绿洲和控制荒漠化。

三、水土保持方案编报审批规定

为了加强水土保持方案编制、申报、审批的管理，根据《中华人民共和国水土保持法》、《中华人民共和国水土保持法实施条例》，以及国家发展和改革委员会、水利部、国家环境保护总局发布的《生产建设项目水土保持方案管理办法》，水利部于1995年5月30日发布了《开发建设项目水土保持方案编报审批管理规定》（水利部令第5号）。该规定根据2005年7月8日《水利部关于修改或者废止部分水利行政许可规范性文件的决定》第一次修正，根据2017年12月22日《水利部关于废止和修改部分规章的决定》第二次修正，自发布之日起施行。主要规定如下。

第二条，所有可能引起水土流失的工程，都要编制土壤保护规划。其中，审批制度下的项目，需先办理水土保持规划的报批程序，然后再提交可行性研究；实行审批制度的，应先办理水土保持规划的审批程序，再提出建设规划；对实行备案的项目，在项目开工前，先对项目进行备案，再进行审批。已核准的水土保持规划，应作为下一步规划的组成部分。

第三条，必须按照《水土保持技术规范》《全国水土保持规划》《水利水电工程规划》等内容，对水利水电工程进行初审。在进行初期设计的审核时，必须有批准水土保持规划的部门参与。

第四条，水土保持方案分为水土保持方案报告书和水土保持方案报告表。

对占用土地超过1公顷、挖掘和填筑总土石方超过1万立方米的工程，应编制水土保持规划报告；其他开发和建设工程，还需编制水土保持规划报告表。

水土保持方案报告书、水土保持方案报告表的内容及形式，必须按照《开发建设项目水土保持方案技术规范》及相关法规要求编制。

第五条，根据有关规定，编制水土保持规划。从事水土保持工作的机构和人员，必须具备相应的专业技能，并由相关专业机构负责管理，具体的管理办法由相关专业机构制定。

第六条，编制水土保持方案所需费用应当根据编制工作量确定，并纳入项目前期费用。

第七条，水土保持方案经过水行政主管部门审查批准，开发建设项目方可开工建设。

第八条，水行政主管部门审批水土保持方案实行分级审批制度，县级以上地方人民政府水行政主管部门审批的水土保持方案，应报上一级人民政府水行政主管部门备案。

中央立项，且征占地面积在 50 公顷以上，或者挖填土石方总量在 50 万立方米以上的开发建设项目或者限额以上技术改造项目，水土保持方案报告书由国务院水行政主管部门审批。中央立项，征占地面积不足 50 公顷，且挖填土石方总量不足 50 万立方米的开发建设项目，水土保持方案报告书由省级水行政主管部门审批。

地方立项的开发建设项目和限额以下技术改造项目，水土保持方案报告书由相应级别的水行政主管部门审批。

水土保持方案报告表由开发建设项目所在地县级水行政主管部门审批。

跨地区的项目水土保持方案，报上一级水行政主管部门审批。

第九条，开发项目单位或者个体必须审核水土保持策略的，应当向有审批权的水行政主管部门提交书面申请和水土保持方案报告书或者水土保持方案报告表各一式三份。

经批准的水资源管理部门，应当按照有关法律法规和技术标准，对水资源管理和利用情况进行审核，并委托有关单位进行技术审核。水行政主管部门应当在收到该项目的批复后，对该项目的实施情况提出异议。但技术审查的时间不在此列。如果在 20 天之内，无法对具有特殊性质的或特大型的开发建设项目的水土保持方案报告书进行审查，那么，在其主管部门领导的同意下，可以延期 10 天，并且应该向申请人和个人说明延期的原因。

第十条，水土保持方案报告的审批条件如下。

（1）遵守相关的法律法规、规章及规范性文件的要求。

（2）符合国家或行业有关水土保持技术规范和标准，如《开发建设项目水土保持方案技术规范》等。

（3）确定水土流失的预防和控制的职责。

（4）防治水土流失的措施应是合理有效的、与周围环境和谐一致的，符合主要工程的设计深度。

（5）编制土壤保育投资概算的依据是可靠的，方法是合理的，结果是准确的。

（6）确保土壤质量和土壤质量的监测工作在适当的范围。

第十一条，已核准建设的工程如在性质、规模和选址上有变更，应当根据有关要求，对工程进行变更，并按有关规定的程序报请核准。

第十二条，建设单位在设计和施工过程中，应严格按照水管理部门核准的水土保持规划进行。在建设项目完成验收时，也要对相应的水保设施进行验收。未经验收的，禁止建设项目投入使用。

第十三条，在水土保持方案没有批准下来的情况下，对未批准的项目进行前期工作的，由县级以上人民政府水行政主管部门责令停止违法行为，采取补救措施。当事人从事非经营活动的，处以 1000 元以下的罚款；当事人从事经营活动，有违法所得的，可以处以三倍以下的罚款，但最多不得超过 3 万元，没有违法所得的，可以对其处以 1 万元以下的罚款，法律法规另有规定的除外。

第十四条，地方人民政府根据当地实际情况设立的水土保持机构，可行使本规定中水行政主管部门的职权。

第四节　水利工程文明施工

一、文明施工的组织与管理

（一）组织和制度管理

施工现场应有相关的文明施工作业的组织管理者，组织管理者也应是第一负责人。总承包单位应管理分承包单位的文明施工作业，实行统一的组织管理，并且分包单位应服从且接受相应的督促检查。施工现场的各项内容都应有文明合理的规章制度，其中包括个人岗位责任制、经济责任制、相关安全检查制度、持证上岗制度、奖励与惩罚制度、竞赛，以及各项专业性、合理化管理制度等。加强并实施施工现场的文明检查、考核及奖罚管理制度，可以提高施工作业中文明管理工作效率。检查的范围和项目内容应周到细致，包括生产区的管理、生活区的管理、场容场貌、环境的文明程度，以及制度落实的程度等相关内容。对于检查中发现的问题应及时整改。

（二）建立收集文明施工的资料

上级发布与文明施工相关的标准、规章制度、法律法规等资料。

施工组织设计（方案）中对文明施工的管控规定，各个阶段施工现场文明施工的举措，文明施工自我检测的资料。

文明施工的教育、培训、考核等计划性资料。

文明施工活动中各个项目的记录资料。

（三）加强文明施工的宣传和教育

在始终坚守岗位的前提下，要采用走出去，请进来，短期培训，上相关技术课，上黑板报，看视频，听广播，看影像，看电视等方法手段严抓教育工作。

其中，要尤其注意对兼职者的岗前培训教育。

专业管理人员要熟练掌握文明施工的规章制度。

二、现场文明施工的基本要求

（1）在工地上，应设立醒目的标志，包括项目名称、建设单位、设计单位、施工单位、项目经理、工地总代表人、开工日期、竣工日期、施工许可证等。建设单位应对建筑工地标识进行维护。

（2）工地负责人在工地上必须佩戴表明身份的标志。

（3）按照建设项目的整体计划，对各类临时设备进行安装。工地上堆积的大量物料、成品、半成品及机械设备，不得侵占工地上的道路和其他安全防护设施。

（4）在工地上，所有用电线路及电气设备的安装及使用，均应遵守有关规定及安全作业规定，并按照施工组织图的要求进行架设，不得随意拉出电线。工地必须有夜间灯光，以确保施工的安全；在危险和潮湿处的照明和手提式照明，都要使用满足安全要求的电压。

（5）在工程总计划中，必须根据工程总体计划中指定的地点、路线进行安装，不能随意占用工程场地内的公路。进入工地的工程机械必须进行安全检验，检验合格后方可投入使用。建筑机械的操作者要按照相关规定，实行班组责任制，并取得相应证书，严禁无证作业。

（6）必须确保工地道路通畅、排水设施完好；保持现场环境卫生，及时清除施工废弃物。在有车辆和行人通行的地区施工时，应立起建设标记，并用遮盖的办法遮盖好挖井。

（7）对于工地上的各类安全设备和劳动防护用具，要进行经常性检修，确保其在工作中的安全性和有效性。

（8）建筑工地应为工人提供各种必需的起居设备，这些设备应满足卫生、通风和照明条件。人工的饮食、饮水等必须达到卫生标准。

（9）必须做好工地的安保工作，在工地周围设置防护设施，以防止盗窃事件发生。

（10）建筑工地必须按照《中华人民共和国消防条例》，构建消防安全管理体系，配备相应的消防设备，并对其进行有效维护。对于易燃易爆物品，必须采取特别的防火措施。

（11）按照《工程建设重大事故报告和调查程序规定》，对出现在施工工地上的严重事故进行处置。

三、水利工程建设项目文明施工要求

一个文明施工工地，会将工程建设的物质文化与精神文明建设紧密地结合在一起。创建文明施工工地是工程项目管理的核心，也是水利水电企业遵循现代企业制度的要求，更是强化企业管理、建立良好公司形象的必要条件。为了贯彻《中共中央关于加强社会主义精神文明建设若干重要问题的决议》精神，进一步强化水利行业的建设和管理，促进文明施工现场的建设，从根本上改变水利行业的粗放经营方式和管理方式，从1998年开始，对水利行业进行文明施工现场的评选。水利部于1998年4月3日颁布实施《水利系统文明建设工地评审管理办法》，该办法共16条，并附水利系统文明建设工地考核标准。

（一）文明建设工地的基本条件

按照《水利系统文明建设工地评审管理办法》的规定，工程法人应承担创建文明施工现场的责任，并对其进行相应的审核。本项目拟申请的水利工程文明施工现场，应当符合以下几个方面的要求。

（1）建筑和安装工程占总工程量的30%以上。

（2）项目没有出现过重大违法行为，没有出现过重大质量安全事故。

（3）满足水利工程文明施工现场评估规范的相关规定。

（二）文明建设工地考核内容

（1）《水利系统文明建设工地评审管理办法》可分为以下3项内容：① 精神文明创建；② 工程建设管控水平；③ 施工区环境。

（2）工程项目建设管控水平考核主要有以下4个方面的内容：① 基础建设流程；② 工程质量管控；③ 作业安全措施；④ 内部管理规章制度。

（3）基本建设流程考核内容有以下4项：① 工程建设项目符合国家规定的政策、法规，严格按照建设流程建设；② 按照相关文件实施招标投标制及建设监理制规范；③ 在工程作业过程中，能够严格按照合同管控，合理控制投资、工期、质量，验收流程等符合要求；④ 项目法人及监理、设计者、施工单位之间关系融洽。

（4）质量管理考核的内容有以下5项：① 工程施工质量检查体系及质量保证体系健全；② 工地实验室拥有必要的检测设备；③ 各种档案资料真实可靠，填写规范、完整；④ 工程内在、外观质量优良，单元工程优良品率70%以上，未出现过重大质量事故；⑤出现质量事故能按照"四不放过"原则及时处理。

（5）施工现场安全措施的考核内容有以下4项：① 为施工安全配置了全职或兼职安全员，建立以责任制为中心的安全管理体制和保障体系；② 认真贯彻实施国家相关施工安全的各项规章制度和标准，并以此制定安全保障制度；③ 施工现场不存在不符合安全操作规范的状况；④ 一般伤亡事故控制在标准之内，无重大安全事故发生。

（6）内部管理的规章制度主要考核完整，项目建设资金的使用合理合法。

（7）施工现场的环境及周围设施的考核内容有以下9项：① 施工现场的材料摆放、施工器械应井井有条、整齐划一；② 施工的现场应道路平坦、畅通无阻；③ 施工现场排水顺畅，不存在重积水的现象；④ 施工现场要求做到活完场清，建筑垃圾集中存放并及时清理运出；⑤ 危险地域须有显眼的安全警告牌，夜间工作时要设立警示灯；⑥ 施工现场与生活区域要挂有文明施工立牌及文明施工相关规章制度；⑦ 办公室、宿舍、食堂等公共场所应卫生干净、有条理；⑧ 施工区域内社会治安及环境稳定，无严重打架斗殴事件发生，无黄赌毒等恶劣的社会现象；⑨ 能够着重且正确地协调处理与当地政府和周边群众之间的关系。

第四章　水利工程项目管理模式

第一节　工程项目管理概述

一、工程项目管理的定义与特点

（一）工程项目管理的定义

工程项目管理是一种代理服务，具体指开展工程项目管理相关服务的企业，按照合同规定协助业主签订合同，并代理业主监督合同的履行，对工程项目组织实施进行全程或阶段管理和服务。

（二）工程项目管理的特点

（1）工程项目管理具有创造性。工程项目管理的创造性体现在它的一次性特点，区别于工业生产的大批量机械化重复，更与企业组织或行政管理的程序化、规范化情况不同，工程项目必须因地制宜，从实际出发解决实际问题，在处理过程中具有明显的单一性。可以说，工程项目管理是一种以某一特定建设工程项目内容为指定对象的一次性任务型承包管理方式。

（2）工程项目管理具有综合性。工程项目的立项研究、编制勘察、招投施工及竣工验收等建设阶段，都不能缺少项目管理，具体包括对项目成本、进程、质效和风险的管控。在同一建设周期内，工程项目是一个有机成长的过程，项目各部分既有分明的界限，又相互联系、相互作用，有规律地依次进行。在社会生产力不断发展、社会分工不断细化的当下，同一建设周期内工程项目的不同阶段渐渐由专业职能不同的多个企业或部门合力完成。因此，要求进行工程项目管理的企业或部门与时俱进，不断提高综合管理和协调合作能力。

（3）工程项目管理具有约束性。工程项目管理的首要前提就是按合同规定办事，在合同规定条件范围内确保按时按质按量完成目标任务，达到预期效果。此外，工程项目的约束性还体现在诸多方面，如工程项目管理过程单一化、目标清晰化、功能确定化、质量规范化、时间标准化，对资源消耗也有定量标准，以上都说明工程项目管理具有约束性强的特点。这些约束条件不仅是项目管理规范化、专业化的前提，还是工程项目顺利竣工验收的既定限制条件，这也要求相关企业、部门在管理过程中不断提高自身约束能力。

二、工程项目管理的任务

工程项目管理参与了工程项目建设的每个阶段，从立项规划开始，到建成投产为止，其间所经历的各个生产过程，以及参与建设的各个施工单位、调查单位、设计单位等在项目管理过程中联系紧密。但正因为项目管理的组织形式存在差异，工程建设过程中的各单位又具有不同分工。所以，推进工程项目管理的主体包括建设单位、相关咨询单位、设计单位、施工单位，以及为特大型工程组织的、代表有关政府部门的工程指挥部。

工程项目管理种类不计其数，它们的目标与任务因种类差异而有所区别。其职能主要可以总结为以下六方面。

（一）计划职能

工程项目各阶段工作应有计划性，统筹兼顾阶段性预期目标和项目总目标，进行针对性安排，对项目全阶段性生产目标、生产过程及生产活动制订具体建设计划，以动态标准化计划系统协调管控项目全过程。为促进工程项目有序建设、顺利实施并达成项目预期目标，工程项目管理提出众多决策依据。同时，它为项目顺利开展与实施制订相关实施计划，提供有效指导。

（二）协调与组织职能

工程项目管理具有协调和组织职能，这一职能是顺利达成工程项目既定目标不可或缺的方式和要领，充分展现出管理的手段与艺术。在工程项目建设过程中，协调职能主要是有效沟通和协调、加强工程项目的不同阶段、不同部门之间的管理，以此实现目标一致和步调一致。组织职能就是建立一套以明确各部门分工、职责及职权为基础的规章制度，以此充分调动员工对于工作的积极主动性和创造性，形成高效的组织保证体系。

（三）控制职能

控制职能主要包括合同管理、招投标管理、工程技术管理、施工质量管理和工程项目成本管理这五个方面。其中，合同管理中所形成的相关条款既是对开展的项目进行控制和约束的有效手段，也是保障合同双方合法权益的依据；工程技术管理由于不仅牵涉委托设计、审查施工图等工程的准备阶段，还对工程实施阶段的相关技术方案进行审定，因此是决定能否成功实现工程项目既定目标的枢纽环节；施工质量管理作为工程项目管理重点中的重点，内容涵盖众多方面，如对材料供应商进行资质审核、对施工标准及操作流程进行质量核查、对分部分项工程进行质量等级评定等。除此以外，控制职能中必不可少的有机构成还有招投标管理与工程项目成本管理。

（四）监督职能

工程项目管理的监督职能是指监理机构对项目合同条款、规章制度、专业规范、项目工作内容及质量标准等方面进行监察管理，不断加强优化工程项目日常生产活动的管理，及时发现问题，采取有效解决措施，未雨绸缪，使工程项目依序稳定运行，最终按时按质按量达成预期目标。

（五）风险管理职能

对于现代企业来说，风险管理职能就是通过对风险的识别、预测和衡量，选择有效的手段，尽可能降低成本，有计划地处理风险，以获得企业安全生产的经济保障。随着工程项目规模的不断扩大，所要求的建筑施工技术也日趋复杂，业主和承包商所面临的风险也越来越多。因此，项目负责人需要在工程项目的投资效益得到保证的前提下，系统地分析、评价项目风险，以提出风险防范对策，形成一套有效的项目风险管理程序。

在现代社会，企业的风险管理职能是指在工程项目建设前和过程中，开展风险量度、评估和应变工作，权衡风险发生的可能性，在尽可能减少成本支出的前提下，按照计划处理风险，保障安全生产工作有序进行。工程项目规模日益壮大，与之相对应的建筑施工技术日渐繁复，业主与承包商承担的风险也在不断增加。因此，项目管理方需要在确保工程项目投资效益得到保证的前提下，系统分析、评价项目风险，及时提供风险应对策略，形成高效高质的规范化风险管理程序。

（六）环境保护职能

一个良好的工程建设项目要在尽可能不对环境造成损坏的前提下，改造旧环境，创造绿色生态可持续的社会生活环境，为人类谋福利。因此，在开展实施工程项目时，需要综合考虑诸多因素，强化环保意识，切实有效地保护环境，维持生态平衡，防止资源浪费、空气污染、水质破坏等自然生态环境破坏的情况发生。

第二节　我国水利工程项目管理模式的选择

一、水利工程项目管理模式选择的原则

（一）全局性原则

一般来说，由于水利工程规模大、工期长、工程环节多、施工管理复杂等特点，项目法人必须集中精力严阵以待，对工程建设进行总体布局、宏观调控。如南水北调工程，其东线工程流经水域众多、输水里程长、规模大，涉及较多参建单位，若采取一般的工程项目管理模式，很难解决其建设管理所面临的复杂问题。由此可见，改变传统项目管理模式，并做好统筹全局的决策工作是工程项目管理建设的重点。

（二）坚持"小业主、大咨询"的原则

随着我国经济的蓬勃发展，各类工程项目的数量也在不断增加，特别是水利工程建设的实施，基于水利项目建设规模大、专业分工明确等特点，传统的"自营制"建设

模式已经不能满足其面临的新局面、新要求。项目法人若想按时按质按量完成项目目标，就必须依靠市场机制对资源进行合理优化配置，采取竞争方式，择优选用工程项目建设的相关负责单位。近十年来，我国建设管理体制改革取得一定成绩，但长期存在的"自营制"模式仍潜移默化地制约着人们的思想，明显的例子就是"小业主，大监理"的应用范围仍存在较大局限。因此，水利工程的工程项目管理必须彻底改头换面，脱离旧模式的轨道，以市场经济的生产组织方式为舵，在项目建设过程中积极贯彻"小业主，大咨询"的原则，凭借社会咨询力量，不断提高工程项目管理水平与投资效益，精简项目组织。

（三）工程项目创新原则

"工程建设监理制"是目前我国工程项目建设管理中使用最为广泛的一项制度。但随着时代的进步，水利工程建设管理也需要转变传统思维模式，借鉴国际工程项目管理的创新思维和通行做法，不断汲取先进经验，推陈出新，如选择管理工作量小且效果好的 CM（工程管理）模式。在预算充足的情况下，也可推行一些设计-施工总承包模式和施工总承包模式的试点。

二、不同规模水利工程项目的模式选择

水电站与其他水利工程在工程地形、地质和水文气象等制约因素影响方面具有较大差异。水电站规模差异导致其他各方面差异十分巨大。对于中小型水利工程来说，大型水利工程具有投资更多、影响更广、风险更高等特点，这就决定了与之相对应的工程管理模式应该更加严格化、专业化、规范化。在大型、特大型水利工程开发建设项目中，应该基于现行主导模式，结合投资主体结构的变化和工程实际，对工程项目的建设管理模式开展大胆的创新和实践，真正创造出既适应我国水利项目建设实际情况，又能接轨国际的中国化项目管理模式。由于我国的中、小水利项目投资正逐步向以企业投资和民间投资为主转变，中、小水利项目管理模式的采用与民间投资水利项目管理模式的创新相差无几，总体可采取相同的项目管理模式。

三、不同投资主体的水利工程模式选择

我国水利工程的投资主体大致可分为两种：第一种是以国有投资为主体的水利开发企业，第二种是以民间投资参股或控股为特征的混合所有制水利开发企业。相对于传统的水电投资企业，以现代公司制为代表的新型水利开发企业具有较为成熟规范的公司管理结构。就目前来看，大型国有企业与民间或混合所有制企业的业务范围存在明显差别，前者主要集中在大、中型水利项目开发，后者主要集中在中、小型水利项目开发。基于建设特点、行为方式及业务范围等方面的差异，这两类投资主体在项目管理模式的选择上亦有不同。

第一种投资主体应在现行主导模式的基础上，逐步实现投资和建设相互分离。在专业知识和管理能力水平达到一定程度的基础上，业主可以成立属于自己的专业化建设管理公司；当业主自身水平条件不足以支撑工程项目管理建设时，可采用招标等方式择优选择相关工程项目管理公司。当今国际上已有设计和施工两相联合的态势，业主可以充分学习借鉴，在开展一些规模大、技术复杂、投资巨大的工程项目时，将设计和施工单位联合，实行工程总承包，也可以对其中分部分项工程、专业工程进行工程总承包。

就第二种民间投资参股或控股的投资主体来说，要想实现更好更快的发展目标，需要充分利用改革开放大环境的优势，推进国际交流，充分学习借鉴国外项目管理模式的优点，汲取先进经验，不断在继承的基础上自主创新，建立规范、完善、具有中国特色的水利项目管理模式。当这类投资主体拥有足够的水利开发专业人才、管理人才及相应的技术储备时，可自行组建建设管理机构，充分利用社会现有资源，采用现行主导模式，即平行发包模式进行工程项目的开发建设。当业主难以组建专业的工程建设管理机构，不能全面有效地对工程项目建设全过程进行控制管理时，可以采取"小业主，大咨询"方式，采用 EPC（工程总承包）、PM（项目管理）或 PMC（项目管理承包）模式完成项目开发任务。

第三节　水利工程项目管理模式发展的建议

如今，无论是在水利开发规模，还是在年投产容量方面，我国都稳居世界第一，是水利建设大国。自中华人民共和国成立以来，我国水利项目管理模式发展过程跌宕起伏，目前正在加快与国际市场融合的进程，多种国际通用的项目管理模式开始引入我国并投入应用，我国项目管理模式因此迎来巨大发展，但由于起步晚，不够完善，仍存在某些问题亟待解决。基于我国工程项目管理现状，通过研究比较国际项目管理，本书对我国水利工程项目管理模式的发展提出以下几点建议。

一、创建国际型工程公司和项目管理公司

（一）创建国际型工程公司和项目管理公司的必要性

当下，加快创建国际型工程公司和项目管理公司有着充分的必要性，具体表现在如下方面：

1. 是深化我国水利建设管理体制改革的客观需要

基于我国水利建设管理体制改革不断取得优异成绩，我国从事设计、施工、咨询服务等的企业都拥有向国际工程公司或项目管理公司转变的充分的主、客观条件。从主观上看，经过各类项目的实践，企业职能单一化的局限性不断暴露，部分企业正逐步转变传统观念，开始承担部分工程总承包或项目管理任务，同时合理科学地调整相应的组织

机构。从客观上看，项目管理的重要性在项目建设过程中不断体现，越来越多的业主，特别是以外资或民间投资作为主体的业主，都对承包商提出了新要求，即工程项目管理需要符合国际惯例的通行模式。

2. 是与国际接轨的必然要求

EPC、PM、PMC 等国际通行工程项目管理模式的实现，都需要依赖实力强大的国际性工程公司和项目管理公司。1999 年，国际咨询工程师联合会提出四种标准合同版本，其中就有可适用于不同模式的合同，如适用于 DB（设计建造）模式的设计施工合同、适用于 EPC 模式的合同等。我国企业要想在国际工程承包市场上获得更大的发展，就要顺应国际趋势，采用国际惯用的项目管理模式，推动企业与国际接轨，促进中国化与国际化融合发展，实现"走出去"的发展战略目标。

3. 是壮大我国水利工程承包企业综合实力的必然选择

现如今，我国水利工程建设现状处于设计、施工和监理单位各自独立的状态，各部门只负责自己专业内的相关工作，设计与施工没有搭接，监理与咨询服务没有联系。这不利于工程项目的投资控制和工期控制。

目前，我国是世界水利建设的中心，因此要趁热打铁，借助水利发展的东风，充分汲取国际工程公司和项目管理公司的成功经验，通过兼并、联合、重组、改造等途径，推动企业间资源的整合，发展壮大一批大型工程公司和项目管理公司，使之具有融设计、施工、采购为一体的综合建设能力，能为业主提供相应的技术咨询和管理服务。综上，创建一批属于我国自己的、具有中国特色的国际型工程公司和项目管理公司，是增强我国大型工程承包企业国际竞争力的必然要求。

（二）创建国际型工程公司和项目管理公司的发展模式

1. 大型设计单位自我改造成国际型工程公司

工程公司模式以设计单位为工程总承包主体，是指设计单位按照国际工程公司当前的通行惯例，在单位内部建立起相对成熟的组织机构以适应工程总承包，不断向具备工程总承包能力的国际性工程公司转变并成功蜕变。拥有监理或咨询公司的大型设计单位大多也有相应的项目管理能力。因此，大型设计单位进行自我改造是其实现国际化转变的有效途径，只需合理细微地重组转换，便可给业主提供更加全面的高质量服务。

目前，业务能力单一是我国众多设计单位普遍存在的问题，它们缺少施工和项目管理的相关经验，处理工程项目实际问题的应变能力不足，尤其在大型项目的综合协调和全面把握方面，这将成为阻碍设计单位转型的制约因素。近年来，我国部分大型水电勘测设计单位都把向国际型工程公司转变作为重要战略目标，但现阶段忙于繁重的勘测设计任务，尚没有精力在向国际型工程公司的转变方面开展实质性工作，设计单位开展工程总承包业务时还普遍面临着管理知识缺乏、专业人才短缺和社会认可度偏低的问题，因此亟须提高其自身的项目管理水平。

2. 大型施工单位兼并组合发展成工程公司

自改革开放以来，我国水利事业迅猛发展，许多水利施工单位得到了锻炼和成长，积累了相当多的工程经验，其中一些大型水利施工单位不仅成为我国国内水利施工的主体，也在国际水利承包市场的开拓和发展中发挥主导作用，除了卓越的施工及施工管理能力外，它们还拥有一定的项目管理能力。但国内相关单位仍不可避免地存在一定的局限性，例如：勘察、设计和咨询能力弱，不足以为业主提供全面优质的咨询与管理服务；优化工程项目设计、合理开展工程投资和工期方面能力略有不足。针对以上种种问题，大型设计单位可通过兼并、联合部分拥有较强勘察、设计和咨询能力的中、小设计单位来进行优化调整。

3. 咨询、监理单位发展成项目管理公司

咨询、监理单位本身就负责项目管理工作，应以兼并、联合或内部重组改造的方式，建立实力更强、资源更丰富的大型项目管理公司，为业主提供更加全面、更高质量的项目咨询和项目管理服务。我国的水利咨询监理单位普遍拥有各式各样的组建方式，按照组建主体不同，主要分为五大类，分别为业主组建、设计单位组建、施工单位组建、民营企业组建及科研院校组建。它们都具有组建时间短、人员综合素质高、单位资金实力弱、服务范围窄等共同特点。若由以上五类单位承包整体工程，优点在于具备专业化、高质量的现场管理水平和综合管理协调能力，但在一定程度上看，缺点也很明显，即高水平专业化人才普遍稀缺，也面临资金供应问题，因此难以及时应对工程项目建设中可能遇到的种种问题和风险。基于此，可以兼并重组一些实力雄厚的监理、咨询单位，重新组建专门服务于工程项目管理的大型项目管理公司，为大型水利项目建设提供如 PMC 模式等专业化、全面化的管理服务。

二、我国水利工程项目管理模式的选择

（一）推广 EPC 模式

1. 清晰界定总承包的合同范围

水利工程项目建设一般通过概算列项来拟订合同项目及费用，若要避免额外费用支出及工期损失，则应对水利工程总承包合同中的概算项目划定明确范围。总承包商在水利工程项目建设中可能遇到工程费用增加的情况，这是由于部分业主会要求其完成一些合同中没有明确提及且不包括在工程设计内的额外项目，最终总承包商利益受损。例如白水江项目黑河塘水电站建设工程，在工程概算阶段没有考虑库区公路的防护设施、闸坝及厂区的地方电源供电系统，总承包合同中所列项目内容模糊、不明确，致使总承包商最后面临额外费用损失的风险和后果。

2. 确定合理的总承包合同价格

在水利工程 EPC 中，总承包商的固定合同价格并不是按照初步设计概算的投资产

生的，因为业主还会要求总承包商在合同的基础上"打折"。因此，承包商面临的风险大大增加。

（1）概算编制规定的风险。按照行业的编制规定，编制的水利水电工程概算若干年调整一次。若总承包单位采用的是执行多年但又没有经过修订的编制预算，最后就会使工程预算与实际情况不符。如黑河塘水电站建设工程概算以 1997 年编规为基础进行编制，但其列出的工程监理费低于当时的市场价格，致使总承包商利益受损。

（2）市场价格的风险。由于水利工程周期一般较长，在工程建设期间总承包商需要充分考虑材料和设备价格的上涨因素，最大限度地避免因此造成损失和增加的风险。例如黑河塘水电站建设工程，根据国家发展和改革委员会官方数据显示，在施工期间的成品油价格比施工初期上涨近 40%。再如双河水电站建设工程，在半年时间里，铜的价格同比上涨 100%。以上种种方面都应纳入总承包商的考虑之中。

（3）现场状况的多种可能性和未知风险的挑战。水利工程建设过程中可能存在水文、气候、地质等条件的变化及其他未知的风险，依概算编制规定，一般的水利工程在基本预算不足的情况下可进行相关概算调整，以此解决出现的一系列问题，但根据 EPC 合同的相关规定，EPC 总承包商必须自己承担这样的风险与责任。因此，工程项目概算调整一旦出现，往往意味着总承包商将要承受总承包模式下固定价格带来的巨额亏损及工期延误。

综上所述，各类风险的存在要求总承包商在订立合同价格时在充分考察项目工程的前提下，综合预测分析潜在风险，及时与业主进行交流协商，使合同价格的订立更加严谨、合理、科学，最终获利。与此同时，承包商为降低自身风险，可在与业主签订合同时，充分运用风险共担原则，在合同中明确自身责任与义务，一旦出现上述风险，立刻就原先拟定的固定价格进行磋商，依规承担相应风险与责任。

3. 施工分包合同方式

EPC 模式的关键在于以"边施工、边设计"的方式进行项目建设，以降低造价、缩短工期。而水利工程在施工招标过程中，设计的进展与实际施工情况会出现不同程度的偏差，达不到施工的具体要求，从而出现与预期目标不符或稍有差池的结果，造成分包的施工承包商对其进行索赔。因此，著者认为，相较于以单价合同结算施工合同，成本加酬金的合同方式更适合水利工程 EPC 总承包模式。

（二）实施 PM 模式

1. PM 模式的优势

PM 模式相较于我国传统的业主指挥部建设管理模式具有如下优势。

（1）有利于建设期内项目管理水平的总体提升，确保项目按时按质按量圆满完成。长期以来，业主指挥部模式是我国工程建设的通行模式，指挥部为了满足项目建设需要而临时建立，在项目竣工交付使用后就地解散，具有临时性、随意性等特点。这种模式在工程建设中存在众多弊端，如缺乏连续性、系统性、专业性的管理体系，业主在实际工程项目中无法积累相关建设管理经验，更不能从中得到锻炼，管理能力和水平停滞不前。因此，工程建设领域应学习借鉴一系列国外先进的建设管理模式，如 PM 模式。

（2）有利于为业主节省项目投资。业主在签订合同之初，在合同中就明确规定了在节约工程项目投资的情况下可予以相应比例的奖励，这就促使项目管理公司在保质保量等前提下，最大限度为业主节省项目投资。在一般情况下，项目管理公司从设计开始就全面接手项目管理，依照节约和优化两大方针从基础设计开始对各部分进行全面控制，降低项目采购、施工、运行等后续阶段的费用，实现项目全寿命周期最低预期成本的目标。

（3）有利于精简建设期业主管理机构。大型工程项目的指挥部往往具有人数众多、管理机构层次复杂等特点，项目竣工交付后，指挥部相关人员又面临棘手的安置问题。而对于项目管理公司来说，其会根据项目专业特点来组建相应的组织机构，协助业主进行项目管理工作。这样的机构简洁高效，极大地减轻了业主的负担。

2. 水利水电工程实施 PM 模式的必要性

（1）在我国加入世界贸易组织（World Trade Organization，WTO）以后，国内市场逐步对外开放，同时近些年不断发展的国内经济使中国这个巨大的市场引起了全球的关注，大量外国资本涌入中国，市场竞争日趋激烈。许多世界知名的国际型工程公司和项目管理公司纷纷进入中国市场，较之国内传统的工程企业，它们展现出一定的优势：项目管理能力强、服务意识超前、管理经验丰富且经济实力不俗。因此，在国际性企业面前，国内大部分企业在国内大型项目的竞标中往往望尘莫及。国内许多工程公司意识到与国际性企业的差距，积极引入并应用 PM 模式，不断提高自身专业化能力和水平。

（2）PM 模式的应用也是引入先进的现代项目管理模式、达到国际化项目管理水平的重要途径之一。实行现代化工程项目管理的 5 个基本要素如下。

第一，实现现代化工程项目管理的前提是在实践中不断学习并引入国际化项目管理模式，因地制宜地改进项目管理模式，使之与我国国情相适应，形成具有中国特色的现代项目管理理论，并指导其实践应用。

第二，实现现代化工程项目管理的关键是招募和培育相关方面的高素质、高水平专业人才。

第三，实现现代化工程项目管理的必要条件是计算机技术的支持，要加快研发和完备计算机集成项目管理信息系统。

第四，实现现代化项目管理的重要保障是组建高效化、专业化、系统化、科学化的管理机构。

第五，实现现代化工程项目管理的基础是建立健全项目管理体系。

PM 模式正是因具有以上 5 个基本要素而展现出强大的优越性及生命力。PM 水利项目的实施，可以为我国水利建设项目管理模式探索发展提供丰富经验。

（3）PM 模式能够适应水利工程的项目特点。总的来说，水利工程具有水文地质条件复杂、工程量大、投入多、工期长、容易变更等特点，因此要求经验丰富和实力强大的项目管理公司，在采用 PM 管理模式的基础上进行水利项目建设，为业主提供相应的优质服务，对投资、质量和进度三大方面进行切实有效的管控，实现预期目标。如此一来，业主可以不必费力深究细致琐碎的管理工作，将时间和精力留给关键事件的决策、项目资金的筹措等工作。

第五章 水利工程项目质量管理

第一节 质量管理相关概念

一、质量与施工质量

我国《质量管理体系》（GB/T 19000—2000）对于质量有明确的定义：质量是一组固有特性满足要求的程度。也就是说，质量不仅包括产品质量，还包括工程项目总体质量及工程项目质量管理过程中体系运行总体质量，其中涉及活动项目、工程建设过程中的方方面面。质量的固有特性在工程建设中起着关键作用，对于满足工程建设的相对要求来说，质量的固有特性能够达到其明确的、非明确的或某些必须达成的需要和期望，因此质量要求不是静态不变的，而是动态的、变化发展的相对要求。

施工质量一般是指工程项目建设中施工活动及其相关产品的质量，也就是通过相关工程项目建设施工过程满足业主（顾客）相对要求，同时达到国家相关法律规章、技术规范标准、既定设计目标及合同规定的目标要求，包含一切明示和隐含需要的能力的特性综合。其中质量特性重点体现在施工过程中建筑工程的适用性、安全性、耐久性、可靠性、经济性及与环境的协调性六个方面。

二、质量管理与施工质量管理

《质量管理体系》（GB/T 19000—2000）对质量管理给出了明确定义，即一种在质量层面指导与控制组织协调性的活动。质量活动一般涵盖设计、制造、辅助和使用四个环节的方方面面，其设计过程中的质量管理包括确立质量方针、目标及相关职责，是质量管理活动开展的首要前提，在此前提下，质量管理活动在制造、辅助和使用过程中成体系化开展，并最终达到质量管理计划中的相关要求和目标。

施工质量管理在工程项目的建设安装和项目验收两个阶段中具体开展，是指导和调控相关施工建设组织积极配合、联合工作，推进质量体系良好运行的一系列活动，具体有策划、调配、实施、监督管理及核验等。这些质量管理活动的开展，使相关施工项目建设工作始终按照时刻变化着的工程建设动态质量要求进行调整完善，达到预期质量目标。施工质量管理属于工程项目施工各级各部领导的职责，作为工程项目施工的最高领导的施工项目经理对其负全责。因此，施工项目经理有责任对与施工质量有关的工作人员进行积极调配，不断提高他们的工作积极性，在满足本职工作要求的基础上，达成施工质量管理的目标要求。

三、质量控制与施工质量控制

根据《质量管理体系》（GB/T 19000—2000）的质量术语定义，质量控制是以满足质量要求为主要目标而开展的相关活动。施工质量控制是指在明晰的质量方针要求下，对施工质量目标进行事前控制、事中控制和事后控制三大活动的系统过程，主要内容包括计划、实施、检查和处置相关施工方案及资源配置。

四、质量管理与质量控制的关系

《质量管理体系》（GB/T 19000—2000）对质量控制的解释是，质量管理中关于力求满足质量要求的一系列相关活动。

质量控制中最主要的两部分内容为专业技术和管理技术，即施工项目所进行的作业技术及一系列相关活动。其中，作业技术为直接生产产品、服务质量等提供前提条件。随着现代社会化生产的不断发展，企业及相关部门需要以科学合理的管理程序，组织协调技术活动的全过程，充分发挥并不断提高质量形成能力，达成预期中的所有质量目标。

质量管理为企业管理制定质量方针，通过质量管理体系中的质量策划、控制等一系列工作促成质量方针，实现全部职能与工作内容，同时对其工作质量、效果等方面进行评价及改进等相关活动。

质量控制与质量管理的区别在于：质量控制的目的性更强，具有明确的质量目标，并以此目标为准绳进行活动方案及资源配置的组织、施行、检查和监管等，以确保预期目标顺利实现。

第二节 质量管理体系

一、质量保证体系

（一）质量保证体系的概念

质量保证是指确保人们相信相关产品或服务能够达到规定质量要求的具有计划性、

系统性的必要活动。在工程项目建设中，完善的质量保证体系对项目施工中影响设计或涉及使用规范的相关要素进行连续性排查和评价，并对建筑施工、安装、验收等一系列工作进行规范检查，以此获取用户的信任，必要时提供相关证据。综上，质量保证体系是企业内部管理体系中的管理手段之一，质量保证体系架起了施工单位与建设单位之间信任的桥梁。

（二）质量保证体系的内容

在工程项目建设中，质量保证体系的目标就是管控和保证施工产品、服务的质量，使用科学的、系统化的指导思想和方法，从施工准备、生产到竣工投产的全部过程，通过全体人员的积极参与和协调工作，建立健全一整套完善、严整、高效、协调的全方位管理体系，使得工程项目的施工质量体系制度规范化、标准化。其主要内容有以下五个方面。

1. 项目施工质量目标

清晰明确的质量目标是质量保证体系存在和实施的首要内容和前提，需要同时满足项目质量总目标的规定要求；在工程承包合同总目标的基本依据下，分解细化为合同环境下、项目施工质量管理体系中各级具体的质量目标。分解项目施工质量目标的工作重点从两方面开展：一是从时间角度开展，进行全过程控制；二是从空间角度开展，进行全员、全方位质量目标管理。

2. 项目施工质量计划

项目施工质量保证体系需要具备科学、合理的质量计划。企业根据自身质量评估手册和项目质量总目标来编制质量计划。从内容上看，工程项目施工质量计划可以分为施工质量工作计划和施工质量成本计划。

施工质量工作计划的内容主要有：对质量目标进行具体描述，对整体项目施工质量的各环节责任及权限进行定量描述；使用规定程序、方法与工作指导书；对重要工序或工作展开试验、检验、验证和审核；过程中根据随施工进度而变动的质量计划修订程序；为成功达成质量目标而采取的其他一系列措施。施工质量成本计划即对最佳质量成本水平作出相关规定的费用计划，是进行质量成本管理的基础与准绳。质量成本从内容上看由运行质量成本与外部质量保证成本两部分构成。运行质量成本即运行质量体系达到质量水平规定程度所需的费用，其中有预防成本、鉴定成本、内部损失成本和外部损失成本四项内容。外部质量保证成本是按照合同要求或规定向顾客提供所需客观证据时必要支出的费用，包含特殊、附加的等质量保证措施程序、数据、证实试验和评定等一系列费用支出。

3. 思想保证体系

思想保证体系是指以全面质量管理的相关思想、观点及方法，促使全体人员正确树立并不断加强质量意识。主要内容包括推动形成"质量第一"的观念意识，不断加强质量意识水平，贯彻落实"一切为用户服务"的思想，力求全面达成提高施工质量的最终目的。

4. 组织保证体系

工程施工质量涉及各项工作的各个方面，是这些工作成果全面、综合的反映，也是管理能力与管理水平具体、重要的体现。建立并完善各级质量管理组织，明确责任，合理配置分工，从而形成明确任务、职责、权限等统筹兼顾、相互联系与协调，并相互促进、相互作用的体系化有机整体。

组织保证体系包含的内容有：成立质量控制小组（QC 小组）；建立并完善各级规章制度；在确保和提高工程质量的前提下，明确各级职能部门主要负责人与具体施工成员的任务、职责及相关权限；建立健全质量信息系统。

5. 工作保证体系

工作保证体系的主要内容是确定工作任务并建立和完善工作制度，需要在以下三个阶段落实。

（1）施工准备阶段的质量控制。施工准备即工程施工前的一系列相关准备工作，为工程施工顺利进行创造充分条件。准备工作是否充分，直接关乎工程建设能否按时按质按量完成，也决定了施工过程中能否有效监控、预防工程质量事故。由此可见，在施工准备阶段做好质量控制管理工作，对于确保施工质量、增加工程质效具有重要意义。

（2）施工阶段的质量控制。施工过程促使建筑产品最终形成，这一阶段中的质量控制是保证施工质量的关键。务必强化工序管理，建立健全质量检查制度，严格遵守并落实自检、互检和专检行动，开展群众性 QC 活动，不断加强过程控制，保证施工阶段的工作质量达标。

（3）竣工验收阶段的质量控制。工程竣工验收，即某道建设工序或某阶段工程建设在竣工后，按照相关规范标准检查验收，移交给下道工序或建设单位。这一阶段的主要任务是做好成品保护，严格按照规范标准进行检查验收和必要的处置，不让不合格工程进入下一道工序或市场，并做好相关资料的收集整理和移交，建立回访制度等。

（三）质量保证体系的运行

运行质量保证体系，需要把质量计划当作主线，把过程管理当作重心，根据 PDCA 循环原理，经由设计、建设、辅助、检查和处理等众多环节依次进行控制，及时收集整合质量保证体系的运行状态和结果等相关信息并予以反馈，以便进行质量保证体系的能力评价。

PDCA 循环是由美国质量管理专家 W. E. 戴明（W. E. Deming）首先提出的，又叫作戴明环。这一循环通过计划（plan，P）、实施（do，D）、检查（check，C）、处理（action，A）四个阶段把经营和生产过程中的管理有机地联系起来。

1. PDCA 循环的基本内容

（1）计划阶段包括四个步骤。第一步，利用数据分析现状，锁定出现的质量问题和质量事故。第二步，分析并总结问题产生的原因或导致工程产品出现质量问题的因素。第三步，分析讨论并确定质量问题产生的主要原因及主要因素。第四步，充分厘清主要因素后，据此制定相关质量改进措施。应重点说明的问题有：① 制定措施的原因；② 要达到的目的；③ 何处执行；④ 什么时间执行；⑤ 谁来执行；⑥ 采用什么方法执行。

（2）执行阶段包括一个步骤：第五步，执行实施方案计划。

（3）检查阶段包括一个步骤：第六步，检查执行实施方案计划后的初步效果，及时总结并记录执行中的经验和问题。

（4）处理阶段包括两个步骤：第七步，对总体取得的成果进行标准化处理，以便遵照执行。第八步，将遗留的问题放在下一个 PDCA 循环中进一步解决。

2. PDCA 循环的特点

（1）周而复始，循环不停。PDCA 循环是科学管理循环，每次循环都会把质量管理活动向前推进一步。

（2）"步步高"。PDCA 循环每次都在原水平上提高一步，每步有新的内容和目标，就像爬楼梯，步步高。

（3）"大环套小环"。众多复杂多样的环嵌套组成 PDCA 循环的整体部分，大环就是整个施工企业，小环就是施工队，各环之间互相协调、互相促进。

二、施工企业质量管理体系

（一）质量管理原则

《质量管理体系》（GB/T 19001—2000）是我国按照同等原则从 2000 年版 ISO 9000 族国际标准转化而成的质量管理体系标准。质量管理八项原则是 2000 年版 ISO 9000 族标准的编制基础，其贯彻落实为企业管理水平不断攀升贡献了强大力量，给予了顾客良好的服务体验，使企业能够不断实现自己的质量管理目标。质量管理八项原则的具体内容如下。

1. 以顾客为关注焦点

组织，即具有一定范围生产经营活动能力的相关企业，它的服务对象是顾客。基于此，组织需要充分了解顾客当下和未来的需求，不断提高满足顾客要求的能力，并奋力争取超越顾客预期。

2. 领导作用

领导者引导着组织共同的宗旨和方向。领导者的重要任务是创造并维护良好和谐的内部环境，使全体员工能够在这种环境下积极工作，最终实现组织目标。领导者对质量管理起着决定性作用。

3. 全员参与的原则

各级人员是组织不可或缺的组成基础，当所有参与人员积极参与工作建设时，组织效益才能不断提高，最终收获圆满丰硕的果实。组织的质量管理是促进各级人员积极参与工作的重要手段。对于员工的质量意识、专业素养等各方面的教育，组织应积极开展相关活动，不断提高全体员工的质量意识水平和业务能力，不断培育和推动他们形成积极工作的认真态度和对工作负责的责任感，为不断促进员工能力水平、知识素养、工作经验等创造良好的培养环境，提供更多的学习机会，树立创新创造思想，建立健全与物质和精神奖励相关的机制，提高全体员工的积极参与性，全心全意为顾客服务。

4. 过程方法

过程是指将资源投入生产活动，以及将输入转化为输出的一系列相互关联的活动。把生产活动中的一系列相关资源和有关活动当作过程，对其进行管理，这样就能更加高效地获得预期结果。2000 年版 ISO 9000 标准即以过程控制为基础而建立。在一般情况下，过程的输入端、过程的各部分不同位置和过程的输出端都具有能够进行测量和检查的控制点，针对这些控制点开展测量、监测和管理等工作，有利于控制和促进过程的有效开展。

5. 管理的系统方法

把相互关联的各个部分、过程，通过识别、理解及管理等方式进行系统化管控，能够有效地帮助组织促进目标的实现并保证其质效。企业应充分了解自己的特性，针对不同组织采取不同分工，关联起资源管理、过程实现、测量分析改进等各部分的协调配合，并加强管控，即以过程网络的手段建立起完善的质量管理体系，采取全过程系统管理。在一般情况下，建立质量管理体系需要进行以下步骤：明确顾客预期；制定质量目标和方针；厘清实现目标的整体过程和职责；确定过程中必要的资源；提供测量过程有效性的方法；保障施行测量确定过程的有效性，采取防止不合格并排除产生原因的举措，建立健全并采用持续有效的改进质量管理体系的整体过程。

6. 持续改进

持续改进整体绩效是组织不断追求的目标之一，它能够促使企业不断增强自身满足质量要求、达成预期质量目标的能力，维持产品质量、过程和相关体系的有效性，不断提高效率。持续改进作为一种循环活动，能够增强满足质量要求的能力，推动企业的质量管理在良性循环的康庄大道上越走越远。

7. 基于事实的决策方法

管用的决策以深入透彻的数据和信息分析为组织依据，其中以数据和信息分析对现实条件进行高度提炼。以事实为基准组织决策，能够有效避免决策出现失误，所以企业的领导管理要看重数据信息的采集、整合及深入分析研判，不断为组织决策提供相关现实依据。

8. 与供方互利的关系

组织与供方形成互相联系、相互作用、互惠互利的良性关系有利于提高双方创造现实价值的能力。企业提供的产品中包括了供方所提供的产品。处理好组织与供方之间的良性合作关系，是影响组织能否稳定地给顾客提供满意产品的重要因素之一。基于此，与供方共事不能一味地依靠控制手段，更应该建立起良性的合作互利关系，尤其面对关键供方，更要推动互惠互利合作关系的形成，这对双方都是十分重要的。

（二）企业质量管理体系文件构成

1. 《质量管理体系》（GB/T 19000—2000）标准中的规定

企业应更加关注质量体系文件的编制和应用，编制和应用质量体系文件具有其自身的动态管理要求。建立健全质量体系的首要前提是编制完备有效的体系文件，在规章制度下对质量体系的运行、审核及改进进行管理，对于质量管理实施后形成的结果也要以文件的形式系统地记录下来，为产品质量达到质量体系标准、合乎质量体系要求、质量体系有效性提供证据。

2. 质量管理文件的内容组成

质量管理文件主要包含以文件形式呈现的质量方针和目标，质量手册，所有生产、工作和管理方面以质量管理标准为依据的规范性程序性文件，在质量管理标准相关规定的基础上形成的质量记录。

（1）质量方针和目标。一般以较为简洁的文字来表述，应体现用户和社会对工程质量提出的要求及企业能够达到的质量水平与服务承诺。

（2）质量手册。质量手册是规定企业建立健全质量管理体系的相关文件，系统、完整和概括性地对企业质量体系作出相应的描述，是企业质量管理体系中具有指导性意义的纲领文件，其特点是集指令性、系统性、协调性、先进性、可行性和可检查性于一体。质量手册的内容一般包括企业的质量方针、目标，组织架构及其质量体系要求或基本管控程序，质量手册的评审、修订和控制的管理办法等多个方面。

（3）程序性文件。在质量手册中，程序性文件起支撑性作用，对企业各级职能部门遵守并严格落实质量手册有关规定和要求作出了具体而细致的规定。程序性文件的范畴一般包括企业为进行质量管理工作而划定的各项管理标准、规章制度等。一般企业都应制定具有通用性的管理程序，例如，文件控制程序、质量记录管理程序、内部审核程序、不合格品控制程序、纠正措施控制程序、预防措施控制程序。

各环节质量控制的程序文件对于产品质量的具体形成过程没有规范性的要求，因此企业可根据自身质量控制目标灵活编制。为了提高过程的有效运行和控制能力，通过程序性文件的指导，可按照管理需要编制相关文件，如作业指导书、操作手册、具体工程的质量计划等。

（4）质量记录。其是产品或相关施工过程中质量水平及企业质量管理体系内各项质量活动运行及运行结果的客观现实反映，客观地记录质量体系程序文件要求下的运行过程和控制测量检查的相关内容，是反映产品质量达到合同预期效果及质量保证的适合程度等的现实依据。

质量记录以规范性的形式和程序进行，过程中有相关实施、验证、审核人员等为其签署意见。质量记录必须完整、全面地反映质量活动实施、验证及评审等环节的相应情况，并如实记录关键活动的详细过程参数，一般具备可追溯性。

（三）企业质量管理体系的建立、运行和审核

（1）企业质量管理体系的建立。八项质量管理原则是企业质量管理体系建立的基础，对市场及客户的一般需求作出全方位的调查分析后，建立企业的质量方针、质量目标、质量手册、程序性文件及质量记录等相关体系文件，以此规范生产和服务全过程内企业的作业内容、程序要求和工作标准，并把质量目标逐级分解、贯彻到相关层级、相关工作的职能和职责中去，构成企业质量管理体系运行系统的一连串相关工作。企业质量管理体系还包括对不同层次、部门的员工开展培训，帮助员工熟悉体系工作的日常运转及执行要求，促进全体员工参与质量管理体系的日常运作，提高质量管理体系的全员参与性。

体系的建立需要明确选择并提供达成质量目标所需的一系列资源。体系建立的主要内容有对人员、工作要求与目标分解的岗位职责进行划分。

（2）企业质量管理体系的运行。质量管理体系的运行背景是体系编制的相关程序、标准、工作要求及目标分解的岗位职责要求，运行主要内容是对生产活动及相关服务的整体过程进行相关操作。

质量管理体系运行全过程需要满足相关文件的硬性要求，监视、测量和分析运行过程的有效程度和运行效率，同时，客观、详细地记录文件规定的质量管理数据，持续采集、记录并深入分析运行过程中涉及的相关数据和信息，使产品质量和过程符合具体要求，使其可追溯效果得以全面呈现。

（3）企业质量管理体系的审核。在文件规定的章程下实行管理评审和考核，其内容包括：过程运行的评审考核及相关工作，针对排查出的主要缺漏和问题采取切实有效的改进措施，促使生产活动顺利达成预期效果和既定目标，并不断推动过程中的管理改进。

质量体系内部审核程序最终是为评价质量管理程序的执行情况及其适用性提供相应服务的；排查并记录运行过程中暴露的问题与缺漏，并为质量改进持续提供依据；实时记录及构建质量体系运行的信息；为外部审核单位的核验评审等提供有效的客观证据。

（四）企业质量管理体系的认证与监督

1. 质量管理体系认证的意义

质量认证制度第三方认证机构对企业产品及整体质量体系给出的综合评价，是社会对企业产品建立信心的有效依据。它对供方、需方、社会和国家的利益有重要意义。质量管理体系认证的意义包括：① 提高供方企业的质量信誉；② 增强企业的国际市场竞争力；③ 减少社会重复检验和检查费用；④ 有利于保护消费者权益；⑤ 有利于法规的实施；⑥ 促进企业完善质量体系。

2. 质量管理体系的申报及批准程序

（1）申请和受理。质量管理体系的申请对象必须是具有法人资格的正规企业，按

照 GB/T 19000—2000 系统标准或其他国际公认的质量体系规范建立文件化、规范化、制度化的质量管理体系，并在贯彻落实到生产经营活动整体过程后，才能向认证机构提出申请要求。申请单位按照要求填写申请书，认证机构在严格审查符合要求后接受申请，若企业不符合审查规定则认证机构不能接受申请，向不合格企业予以书面通知。

（2）审核。认证机构下派审核调研组针对申请方的质量管理体系进行全面检查和评定，并出具相关审核报告，内容有文件审查、现场审核。

（3）审批和注册发证。权威认证机构对审核报告进行全面细致的核查之后，对达标者批准通过并予以注册，发放认证证书。认证证书的内容包括证书号、注册企业名称和地址、认证和质量体系覆盖产品的范围、评价依据及质量保证模式标准及说明、发证机构、签发人和签发日期。

3. 获准认证后的维持与监督管理

企业获准认证后，有效期通常为三年，过程中持续推进常态化内部审核的运作，以此保证质量管理体系的时效性，在这一过程中，企业持续接受认证机构的管理和监督。具体内容包括以下几个方面。

（1）企业通报。认证合格的企业质量管理体系文件一旦发生较大的变化，须向认证机构报告，认证机构接到通知后视情况进行必要的监督检查。

（2）监督检查。认证机构对认证合格的企业，在管理体系维持情况方面定期或不定期进行监管排查，定期检查的时间通常为每年一次，不定期检查则没有具体时间规定，一般按照具体需要进行临时安排。

（3）认证注销。认证注销是一种自愿行为，在企业体系发生变化或证书有效期届满时未提出申请的情况下，持证者提出注销的，认证机构予以注销，收回体系认证书。

（4）认证暂停。认证暂停是认证机构针对认证合格企业出现质量管理体系不符合认证要求的问题时采取的警告措施，在认证暂停期间，相关企业不得以认证体系证书作为宣传资料。企业在满足规定条件的前提下采取相关纠正措施，认证机构予以撤销认证暂停，否则，企业将被撤销认证注册，收回合格证书。

（5）认证撤销。当认证合格企业出现严重不符合规定或认证暂停期间整改措施不到位等足以构成撤销认证资格的情况时，认证机构将有权撤销其认证资格，企业亦有提出申诉的权利。撤销认证的企业在一年后可重新提出认证申诉。

（6）复评。认证合格有效期满前，企业如果愿意继续延长有效期，可向认证机构提出复评申请。

（7）重新换证。在认证有效期间内，若出现认证标准变更、认证范围或认证对象变更等情况，认证企业可按照规定重新换置证书。

第三节　质量控制与竣工验收

一、质量控制

（一）施工阶段质量控制的目标

（1）施工质量控制的总目标。贯彻落实建设工程质量相关法规条例及强制性标准，推动工程项目的使用功能和质量标准来实现预期目标。

（2）建设施工单位的质量控制目标。合理分配施工生产要素，同时采取科学有效的管理方法是参与建设工程各个单位、部门的共同责任。在施工整体过程中进行全面质量监督管理、协调和决策，以便于确保竣工项目符合投资决策后规定好的质量标准。

（3）设计单位的质量控制目标。有效控制施工质量管理过程中出现的设计变更、验收签证等，针对设计过程中出现的纰漏，提出相关合理、科学的改进建议，并及时采取行动作出整改，确保竣工验收项目成果与设计文件及其变更部分给出的规范化标准相适应。

（4）施工单位的质量控制目标。推进施工整体过程中的全面质量自控，确保竣工交付的最终产品或工程项目能够达到施工合同与设计文件严格规范的质量标准（含工程质量创优要求）。

（5）监理单位在施工阶段的质量控制目标。对监控施工承包单位的质量活动行为履行相应的工程监管职责，采取相应的监督管理措施，如核验质量文件、现场勘测相关报告资料、平行检验、施工指令、结算支付控制等手段，以此促进和谐的施工关系，确保符合施工合同规范要求和设计文件规范要求，使施工质量达到相应标准。

（二）质量控制的基本内容

1. 质量控制的基本环节

质量控制应贯彻全面、全过程质量管理的思想，在事前质量、事中质量、事后质量控制中以动态控制的原则进行。

（1）事前质量控制。

事前质量控制是指在进行正式施工作业前，采取包括规划施工质量方针、明确质量目标等相应活动在内的事前主动质量控制。事前质量控制包括制定具体施工方案，建立质量监测管理点，贯彻落实质量责任要求，分析排查施工过程中出现偏离质量目标问题的各种概率影响因素，针对这些影响因素制定有效的预防措施，防患于未然。

（2）事中质量控制。

事中质量控制是一种全面实时的动态控制，其在施工质量形成过程中对引起施工质量变化的各种影响因素进行全面调控。事中控制主要包括两方面内容：一是对质量活动的行为进行约束；二是对质量活动的过程进行监督和管理，并加以控制。其中，事中质量控制的前提和关键是坚持执行质量标准，而事中质量控制的重中之重是工序质量和对质量控制点的控制。

（3）事后质量控制。

事后质量控制一般又叫作事后质量把关，其目的在于对不合格的工序和最终产品（包括单位工程或整个工程项目）进行监控，防止其进入下一道工序和市场流通领域。事后质量控制的主要内容分为对质量活动结果的评价、认定及纠正质量偏差三大部分。其中，重点在于排查施工质量方面的风险及存在的缺漏，并在深入透析相关情况后提出科学合理化建议，促成施工质量改进，使其始终维持在受控状态。

上述三大工序环节并非处于彼此孤立和相互隔离的状态，而是在相互联系、相互作用的状态下构成有机联系的动态系统过程，其本质是质量管理 PDCA 循环的具体化。每当这三个环节在滚动循环的动态环境中相互作用时，其自身作用和效果也在不断提高，最终推动质量管理和质量控制在不断发展的过程中持续改进。

2. 质量控制的依据

（1）共同性依据。

共同性依据是指在质量管理方面适用于普遍施工阶段的相关基本条件，具有通用性、普遍指导性和强制性，即工程建设必须自觉遵守相关基本条件。共同性依据主要内容有：建设工程施工合同；设计文件、设计交底及图纸会审记录、设计修改和技术变更等；国家、政府等有关部门就质量管理颁布的规范性法律法规条文和文件等，如《中华人民共和国建筑法》《中华人民共和国招标投标法》《建设工程质量管理条例》等。

（2）专门技术法规性依据。

专门技术法规性依据本质上是指根据不同行业、质量控制对象之间的差异而专门制定的具有针对性的技术法规文件。其包含规范、规程、标准、规定等，如工程项目建设质量核验评定标准，关于建筑施工材料、施工半成品和构配件等内容的规范化专门技术法规性文件，关于材料验收、包装和标志等相关技术标准和规定，关于施工工艺质量等相关技术法规性文件，关于新工艺、新技术、新材料、新设备的质量规定和鉴定意见等。

3. 质量控制的基本内容

（1）质量文件审核。

质量文件审核的对象包括通过质量审核文件促进工程质量管理的相关技术文件、报告、报表等。质量文件审核是工程负责人全方位管理工程质量的重要方式之一。其中，文件内容主要有：施工单位相关技术资质证明材料文件和质量保证体系文件，施工组织设计和工程技术措施，建设材料和半成品及其构成配件的质量检验报告，对新技术、新工艺、新材料进行相关运用的现场试验报告及鉴定报告，能够呈现工序质量动态的有关统计资料和信息或相关控制图表，设计变更及相应的图纸修改文件，有关工程质量事故的应对措施、施工现场签订的技术签证和文件等。

（2）现场质量检查。

现场质量检查包括以下内容。

第一，开工前检查，主要检查是否具备开工条件，开工后是否能够保持连续正常施工，能否保证工程质量。

第二，工序交接检查，对于重要的工序或对工程质量有重大影响的工序，应严格执行"三检"制度，即自检、互检、专检。未经监理工程师（或建设单位技术负责人）检查认可，不得施行与下一道工序相关的建设活动。

第三，隐蔽工程检查，施工过程中出现的一切隐蔽工程必须接受检验，认证合格后才可进行隐蔽掩盖。

第四，停工后复工检查，在现实条件制约下停工或待处置质量事故等停工复工时，经检验认可后方可复工。

第五，分项、分部工程完工后检查，经核验认证后按照规定签订相关验收报告，方可进行下一项目的建设施工。

第六，成品保护检查，检验成品是否具备保护措施及保护措施是否安全、实用、有效。

二、施工准备的质量控制

（一）施工质量控制的准备工作

1. 工程项目划分

一项建设工程在施工准备、建设和竣工验收的全过程中要经历道道工序、工种相互有效配合的施工环节。施工过程质量与其中若干施工工序以及工种的相关管理能力、水平和操作质量息息相关。基于此，为了持续推进控制、检查、评定和监督每道工序、工种的工作质量，相关建设工程应逐级合理划分为四部分：单位工程、分部工程、分项工程和检验批。并在此基础上对其进行分级编号，推动建设工程进行质量控制活动，保证工程检查验收的成果，这也是施工质量控制工作中的一项重要的基础性环节。

2. 技术准备的质量控制

技术准备即在施工建设活动正式开展前进行的必要技术准备工作。这类工作一般包含大量复杂烦琐的内容，且大多在室内进行，比如：对施工图纸开展详细的设计交底和图纸审查工作；工程项目分项、编项；细化施工技术方案和施工人员、机具配备方案；编写施工作业技术指导手册，在施工作业技术上下功夫，进行必要的技术交底和技术培训；绘制各种施工详图（如测量放线图、大样图和筋、板、线图等）。技术准备方面的质量控制包括：对以上各项技术准备工作所取得的成果进行审查和复核，检验此类相关成果能否达到相关技术规范、规程所要求的标准及施工质量的保证水平；编制施工质量方面有关的专门控制计划，设置专门质量控制点，明确设立关键部位的质量管理点等。

（二）现场施工准备的质量控制

（1）工程定位和标高基准的控制。工程测量放线是将施工建设产品从设计方案转化为现实产品的首要步骤。施工测量质量的好坏程度对工程的定位和标高是否正确、是否规范具有决定性作用，并始终在施工过程中影响着有关工序的质量。综上，施工单位需要复核、查验建设单位所提供的工程建设原始坐标点、基准线和水准点等一切测量控制点，然后上报监理工程师相关复核数据报告并等待审核，或经审核批准后方可建立施工测量控制网，以此对工程定位和标高基准进行切实有效的管控。

（2）施工平面布置的控制。建设单位在合同规定范围内及充分考虑施工单位施工需求的情况下，提前规划好施工用地和现场临时设施用地的范围并及时提供。施工单位应对施工建设用地进行协调性、可持续性规划，以确保施工过程中能够持续保持道路通畅、材料堆放合理有序、排水防洪防汛能力优越、输水供电设备正常运转及相关器械设备有效安装布置。对施工场地质量管理应建立相关规章制度体系，及时记录施工现场的质量检验数据。

（三）材料的质量控制

材料的质量控制是指施工单位对建设过程中所使用的相关材料、半成品、成品及建筑构配件等（统称"材料"）进行当场验收。按照各级专业工程质量验收规章程序，对具有工程安全及使用功能意义的相关材料进行复验，最终还要经过监理工程师（建设单位技术负责人）的查验认可。为有效确保工程质量，施工单位可在以下三个方面对原材料的质量控制展开监管。

1. 采购订货关

施工单位在材料采购及供应环节要编制合理高效的相关计划，在充分了解并分析市场材料流通信息后，择优挑选材料生产供应单位或相关销售总代理单位（简称"材料供货商"），同时针对材料供应方建立健全、严密的审查机制，以保证采购及供应货物的高质量。

（1）材料供货商对部分材料必须出具生产许可证，部分材料是指钢筋混凝土用热轧带肋钢筋、冷轧带肋钢筋、预应力混凝土用钢材（钢丝、钢棒和钢绞线）、建筑防水卷材、水泥、建筑外窗、建筑幕墙、建筑钢管脚手架扣件、人造板、铜及铜合金管材、混凝土输水管、电力电缆等。

（2）材料供货商对部分材料必须出具建材备案证明，部分材料是指水泥、商品混凝土、商品砂浆、混凝土掺合料、混凝土外加剂、烧结砖、砌块、建筑用砂、建筑用石、排水管、给水管、电工套管、防水涂料、建筑门窗、建筑涂料、饰面石材、木制板材、沥青混凝土、三渣混合料等。

（3）材料供货商要对外墙外保温、外墙内保温等建筑材料如实进行建筑节能材料备案登记。

（4）材料供货商应对部分产品进行强制性产品认证（简称 CCC 或 3C 认证），部分产品是指建筑安全玻璃（包括钢化玻璃、夹层玻璃、中空玻璃）、瓷质砖、混凝土防冻剂、溶剂型木器涂料、电线电缆、断路器、漏电保护器、低压成套开关设备等。

（5）材料供货商还须对除以上列举的有关材料和产品外的其他材料或产品出具相关合格证书或质量证书。

2. 进场检验关

下列材料必须经施工单位抽样检验或试验，待合格后才能使用。

（1）水泥物理力学性能检验。同一生产厂、同一等级、同一品种、同一批号且连续进场的水泥，袋装质量在 200 t 以内的为一检验批，散装质量在 500 t 以内的为一检验批，每批抽样不少于一次。取样方式为对同一批次水泥中具有代表性的不同部位进行等量采集，取样点不低于 20 个点，且总质量不低于 12 kg。

（2）钢筋（含焊接与机械连接）力学性能检验。同一牌号、同一炉罐号、同一规格、同一等级、同一交货状态的钢筋，每批不超过 60 t。从每批钢筋中抽取 5% 进行外观检查。从每批钢筋中任选两根进行力学性能试验，每根取两个试样分别进行拉伸试验（包括屈服点、抗拉强度和伸长率）和冷弯试验。钢筋闪光对焊、电弧焊、电渣压力焊、钢筋气压焊，在同一台班内，由同一焊工完成的 300 个同级别、同直径钢筋焊接接头应作为一批；封闭环式箍筋闪光对焊接头，以 600 个同牌号、同规格的接头作为一批，只进行拉伸试验。

（3）砂、石常规检验。购货单位应按照同产地、同规格分批验收。用火车、货船或汽车运输的，以 400 m³ 或 600 t 为一验收批；用马车运输的，以 200 m³ 或 300 t 为一验收批。

（4）混凝土、砂浆强度检验。每拌制 100 盘不超过 100 m³ 的同配合比的混凝土取样不得少于一次。当一次连续浇筑超过 1000 m³ 时，同配合比的混凝土每 200 m³ 取样不得少于一次。

同条件养护试件的留置组数，须按照实际要求确定。对于同一强度等级的同条件养护试件，其留置数量应根据混凝土工程量和重要性确定为 3~10 组。

（5）混凝土外加剂检验。混凝土生产厂根据产量和生产设备条件，将产品分批编号。掺量大于 1%（含 1%）同品种的外加剂每个编号 100 t，掺量小于 1% 的外加剂每个编号为 50 t，同一编号的产品必须是混合均匀的。其检验费由生产厂自行负责。建设单位只负责施工单位自拌的混凝土外加剂的检测费用，但现场不允许自拌大量的混凝土。

（6）沥青、沥青混合料检验。沥青卷材和沥青：同一品种、牌号、规格的卷材，抽验数量为 1000 卷抽取 5 卷；500~1000 卷抽取 4 卷；100~499 卷抽取 3 卷；小于 100 卷抽取 2 卷。同一批出厂，同一规格标号的沥青以 20 t 为一个取样单位。

（7）防水涂料检验。同一规格、品种、牌号的防水涂料，每 10 t 为一批，不足 10 t 者按照一批进行抽检。

3. 存储和使用关

施工单位必须加强材料进场后的有效存储及相关使用管理，防止材料出现如水泥受潮结块、钢筋锈蚀等质量问题，避免使用规格、性能等未达标材料而引发工程质量事故。施工材料出现变质问题，如混凝土工程建设中使用的水泥，在存储不当的情况下经过长时间放置，受潮出现结块现象导致其功能失效。使用质量不合格或失效的劣质水泥，将危害建筑质量。例如，某住宅楼工程中使用了未经检验且安定性不符合标准的水泥，导致现浇混凝土楼板拆模后出现了严重裂缝，随即对混凝土强度检验，结果其结构强度达不到设计要求，造成返工。在混凝土工程中，水泥品种的选择不当或外加剂的质量低劣及用量不准同样会引起质量事故。比如，某学校教学综合楼工程，在冬季进行基础混凝土施工时，采用火山灰质硅酸盐水泥配制混凝土，因工期要求较紧，又使用了未经复试的不合格超强防冻剂，导致混凝土结构的强度不能满足设计要求，不得不返工。基于此，施工单位不仅要对材料进行科学合理的管理调度，优化材料配置，防止现场出现施工材料大量积压的问题，同时更要建立完善的材料堆放管理制度，促进材料有效存储及合理利用，并在使用材料过程中开展动态跟踪监测和管理工作。

（四）施工机械设备的质量控制

建筑机械设备质量控制，即对建筑机械设备的种类、性能、参数等有关方面与建筑工地的实际要求、施工工艺、技术条件等进行协调匹配，使两方各种因素相互协调作用，从而满足施工生产活动的现实要求。工程机械设备的质量控制主要包括机械设备的选型、主要性能参数指标的确定及其他相关具体使用操作要求等内容。

1. 机械设备的选型

机械设备的选型，根据技术先进性、生产适用性、经济合理性、使用安全性、操作方便性等原则择优挑选。选配具备工程适用性的施工机械，能够切实提高工程质量的有效性，在实用操作方面更具可维护性和安全性。

2. 主要性能参数指标的确定

机械设备的选择以其主要性能参数指标为现实依据，在足以符合施工条件和确保施工质量的要求下确定具体参数指标。只有使主要性能参数指标严格符合参数标准，才能推动施工过程顺利进行，规避安全质量事故风险。

3. 使用操作要求合理

机械设备的正确操作和使用是确保项目施工质量的重要前提。使用机械设备必须贯彻落实"人机固定"相关原则，实施定机、定人、定岗位职责的"三定"使用管理制度，同时在机械使用过程中，要严格按照操作规章制度及机械设备的相关技术要求进行作业，在机械设备使用后做好常规保养工作，维护机械设备的良好运作状态，以防引发安全质量事故，保证建设施工质量。

三、施工过程的质量控制

（一）技术交底

有效实施技术交底对确保施工质量具有重要意义。工程技术负责人应在工程施工前向承担建设方、分包方进行书面技术交底，并在办理签字手续后，将过程中涉及的相关技术交底资料存档保存。作业技术交底应在所有分部工程开工前进行，并同时由建筑工程技术人员编写技术交底书，经工程技术负责人审定后执行。

技术交底的主要内容有：任务范围、施工方法、质量标准和验收标准，施工过程中需要注意的问题，应对意外风险的举措及相关应急预案，文明施工和安全防护方案及相关成品防护措施等。技术交底应针对施工材料、机具、工艺、工法、施工环境和具体管理措施等相关内容展开，过程中须明确具体施行方法、步骤、要求及规定完成的时间等。

技术交底的形式有：书面、口头、会议、挂牌、样板、示范操作等。

（二）测量控制

项目施工前须按照要求编制相关测量控制方案，通过项目负责人审批后方能实施。施工过程中需要做好对相关部门提供的测量控制点的复核工作，经审批后开展施工测量放线，同时要做好相应的测量记录。

施工过程中应恰当管理设置的测量控制点，未经允许不得擅自移动测量控制点。与此同时，在施工过程中，施工单位必须履行技术工作职责，须对施工测量工作进行及时复核，并将复核结果送呈监理工程师，待其复核确认后，才可施行后续相关工序。

在通常情况下，施工测量复核分为以下部分。

（1）工业建筑测量复核。厂房控制网测量、桩基施工测量、柱模轴线与高程检测、厂房结构安装定位检测、设备基础与预埋螺栓定位检测等。

（2）民用建筑测量复核。建筑物定位测量、基础施工测量、墙体皮数杆检测、楼层轴线检测、楼层间高程传递检测等。

（3）高层建筑测量复核。建筑场地控制测量、基础以上的平面与高程控制、建筑物垂线检测、建筑物施工过程中沉降变形观测等。

（4）管线工程测量复核。管网或输配电线路定位测量、地下管线施工检测、架空管线施工检测、多管线交会点高程检测等。

（三）计量控制

计量控制作为施工项目质量管理工作的重要前提和基础，是确保工程项目满足高质量要求的有效途径和方式。施工过程中的计量工作一般包含施工生产活动中的投料计量、施工测量、监测计量三大部分内容，此外还有对项目、产品及过程的测试、检验、分析计量等相关工作。计量控制的主要任务有统一计量单位制度、组织量值传递、保证量值统一。其工作重点包括以下内容：设立计量管理部门和合理配置计量人员；建立健全并完善计量管理相关规章制度；按照规定严格有效地对计量器具的使用、保管、维修和检验进行控制；对计量过程的实施进行有效监督，确保计量结果准确。

（四）工序施工质量控制

相互联系又相互制约的一系列施行工序构成施工的具体过程，工序即人、材料、机械设备、施工方法和环境因素相互联系，并对工程质量造成综合性影响的过程，因此，必须将工序质量放在施工过程质量控制的基础和核心地位。工序的质量控制作为施工阶段质量控制的重点环节，应对其进行严格控制，只有这样才能保证施工项目的整体质量水平。

工序施工质量控制的主要内容涵盖工序施工条件质量控制、工序施工效果质量控制两部分。

1. 工序施工条件质量控制

工序施工条件是指从事工序活动的各生产要素质量及生产环境条件。工序施工条件控制即对工序活动中一系列投入要素质量和环境质量进行控制管理，主要手段有检查、测试、试验、跟踪监督等。工序施工条件控制以设计质量标准、材料质量标准、机械设备技术性能标准、施工工艺标准及操作规程等为操作依据。

2. 工序施工效果质量控制

工序施工效果是工序产品质量特征及特性指标的具体反映。对工序施工效果加以控制就是对工序产品的质量特征和特性指标能否符合设计质量标准及相关施工质量验收标准要求的控制。工序施工质量控制是事后质量控制，它通过实时监测获取数据、整合分析收集的数据、判定质量等级和纠正质量偏差等有效途径促进施工过程质量管理。

（五）成品保护控制

成品保护的具体含义在于，项目施工阶段中某些部分率先完成，但其他部分仍在进行施工作业，这时就需要施工单位对成品部分采取及时有效的保护措施，避免成品部分因没能受到及时保护或保护不善而出现损伤、污染等问题，进而影响工程的整体质量。加强成品保护的首要前提是提高成品保护意识教育，助推全体员工树立成品保护意识，同时肩负起成品保护责任，合理科学地安排施工顺序，做好监测并及时采取应对保护措施。

成品保护措施一般包括防护（进行提前保护，对受保护对象的特点采取各种针对性保护措施，防止成品受到污染及损坏）、包裹（对受保护对象进行全方位包裹，以防损伤或污染）、覆盖（对受保护对象的表面进行覆盖，以防阻塞或损伤）、封闭（采用局部封闭的办法对受保护对象进行保护）等。

四、工程施工质量验收的规定与方法

在施工质量控制过程中，工程施工质量验收是重要环节之一，也是保证工程施工质量的重要方式之一。它按照工程验收阶段主要分为两部分：施工过程的工程质量验收和施工项目竣工质量验收。

（一）施工过程的工程质量验收

施工过程的工程质量验收以施工单位自行进行的质量检查和评价结果为现实依据，联合参与建设活动的有关部门及单位，在相关标准中，携手对检验批、分项、分部、单位工程的质量进行抽样复验，并在规范下以书面形式反映工程质量是否达标的具体确认情况。

（1）检验批质量验收合格应符合以下规定。

第一，主控项目和一般项目的质量经抽样检验合格。

第二，具有完整的施工操作依据、质量检查记录。

检验批作为工程验收中的最小单位，在分项工程乃至整个建筑工程质量验收中占据基础性地位。在施工过程中，检验批本质上是一定数量上质量均匀一致、条件相同的材料、构配件或安装项目，是能够进行分批验收的基础单位。

检验批质量合格具体有两种情况：资料检查合格，以及主控项目和一般项目检验合格。检验批次的相关操作依据、检验情况记录和保证质量达标所必需的管理制度，从原材料一直到最终验收所经过的所有施工工序中，都通过质量控制材料得以体现。对这些质控数据进行全面的核实和检查，确保施工工序过程处于控制管理下，也是检验批合格的基础和前提。

检验批的合格质量一般由主控项目和一般项目所呈现的检验结果决定。主控项目是决定检验批基本质量的检验项目，所以务必严格按照专业工程验收规范的相关条例进行检验。这表明，不能出现主控项目检查结果达不到要求的情形，也就是说，项目检查本身就具有否决权。基于主控项目对基本质量起决定性作用的特点，项目检查必须严格。

（2）分项工程质量验收合格应符合以下规定。

第一，分项工程所含的检验批均应符合合格质量的规定。

第二，分项工程所含的检验批的质量验收记录应完整。

分项工程验收工作在检验批的基础上展开。通常来看，两者性质相同或相近，只在批量大小上有差异。因此，相关检验批联合组成分项工程的检验。分项工程合格质量的标准不会太高，只要分项工程中的各检验批具有完整的验收资料文件，且各验收资料文件均显示已验收合格，则分项工程验收合格。

（3）分部（子分部）工程质量验收合格应符合以下规定。

第一，分部（子分部）工程所含分项工程的质量均应验收合格。

第二，质量控制资料应完整。

第三，地基与基础、主体结构和设备安装等分部工程有关安全及功能的检验和抽样检测结果应符合有关规定。

第四，观感质量验收应符合要求。

分部工程的验收将以其所涉及的各分项工程验收为基础展开。

分部工程验收合格所需具备的条件：首先，验收的基本条件，即包括各项工程在内的分部工程整体验收合格且具有完整质量控制资料文件；其次，基于各分项工程的不同性质，不能以简单组合的方式对分部工程进行验收，应在原有基础上增加下列两类检查项目。

第一类，对有关安全和使用功能方面或重要使用功能的地基基础、主体结构的安装分部工程采取见证取样，送样试验或抽样检测等方式。

第二类，观感质量验收。这类检验通常难以定量，一般只能采取观察、触摸及其他简单测量手段进行检验，具有较强的个人主观印象判断性，检查结果不会显示"合格"或"不合格"，而是综合检验情况得出最终质量评价。评价为"差"的检查点须采取返修处理检查点等措施进行改进。

（4）单位（子单位）工程质量验收合格应符合以下规定。

第一，单位（子单位）工程所含分部（子分部）工程的质量均应验收合格。

第二，质量控制资料应完整。

第三，单位（子单位）工程所含分部工程有关安全和功能的检测资料应完整。

第四，主要功能项目的抽查结果应符合相关专业质量验收规范的规定。

第五，观感质量验收应符合要求。

（5）当建设工程质量不符合要求时应按照以下规定进行处理。

第一，经返工重做或更换器具、设备的检验批，应重新进行验收。

第二，经有资质的检测单位检测鉴定能够达到设计要求的检验批，应予以验收。

第三，经有资质的检测单位检测鉴定达不到设计要求，但经原设计单位核算认可能够满足结构安全和使用功能的检验批，可予以验收。

第四，经返修或加固处理的分项、分部工程，虽然改变外形尺寸但仍能满足安全使用要求的，可按照技术处理方案和协商文件进行验收。

当出现质量不符合标准的情况时，处理办法如下：在一般情况下，不合格现象在最基层的验收单位——检验批验收时就应发现并及时处理，否则将影响后续批和相关的分项工程、分部工程的验收。因此，必须尽快将所有质量隐患消灭在萌芽状态，这反映了强化验收促进过程控制的原则。非正常情况的处理包括下列四种情况。

第一种情况，在检验批相关验收时，验收对象包含的主控项目达不到验收规范，或一般项目中包含超出偏差限值的子项目没有达到检验规定的标准，亟待处理的检验批。其中，具有严重缺陷的应弃旧图新、从零开始；具有一般缺陷的以翻修或更换相关器具、设备等方式处理，在施工单位采取相应补救措施后重新进行验收。若重新验收能达到相关的专业工程质量验收规范，则视该检验批合格。

第二种情况，个别检验批出现试块强度与规定要求不相符等问题，导致验收难以最终确定，这时应请具备相关资质的法定检测单位对其进行检测鉴定。若最终鉴定结果符合相关设计标准，则该检验批具备通过验收的资格。

第三种情况，经检测鉴定后的检验批出现不满足设计要求的问题，但原设计单位经过核算后依旧能够达到结构安全性能和使用性能标准，可予以验收。相对来说，规范标准对满足安全性能和使用性能的检验批作出了最低限度的要求，而设计通常会在这一基础上留足余量。未完全符合设计要求与达到相应规范标准二者之间并不矛盾。

第四种情况，出现严重缺陷或超出检验批外更大范围程度的缺陷，很大概率会影响结构的稳定性、安全性及相关使用功能。若法定检测单位对其进行检测鉴定后判定其不满足规范标准所规定的相关要求，即其不具备最低限度完全储备和使用功能的资格，则须在相应技术方案指导下展开加固处理工作，以满足安全使用的最低限度要求。如此处理可能会造成诸如结构外形尺寸变化、次要使用功能受影响等一定的永久性缺陷。为防止社会财富遭受更加严重的损失，在确保安全和主要使用功能不受影响的基础上，可根据处理方案的规范标准与相关验收文件对其进行验收，责任方同时应承担相应的经济责任，需要特别注意的是，责任方万万不可将其视为忽略质量、回避责任的"捷径"。

（6）通过返修处理或经过加固处理后仍不符合安全使用标准及要求的分部工程、单位（子单位）工程，严禁验收。

（二）施工项目竣工质量验收

施工项目竣工质量验收作为施工质量控制的最终环节，担负着对整个施工过程质量控制成果进行全面检验的责任，是从终端把关方面进行质量控制的重要手段。未经验收或未能满足验收要求的不合格工程，不予以交付使用。

1. 施工项目竣工质量验收的依据

施工项目竣工质量验收的依据包含以下几个主要方面：上级主管部门对有关工程竣工验收编制的相关文件和规定，国家和有关部门官方颁布的施工规范、质量标准、验收规范，批准的设计文件、施工图纸及相关说明书，双方互相签订的施工合同，设备技术说明书，设计变更通知书，有关的协作配合协议书等。

2. 施工项目竣工质量验收的要求

（1）工程施工应满足工程勘察、设计文件所规定的相关要求。

（2）工程施工质量验收的各方参与人员应具有规定内的资格。

（3）工程质量验收应在施工单位自行检查评定的基础上进行。

（4）隐蔽工程在展开隐蔽作业前，施工单位应及时通知有关单位对其进行验收，并做好相应的验收记录，形成验收文件资料。

（5）对于与结构安全有关的试块、试件或其他有关材料，应在规定范围内对其开展见证取样检测。

（6）检验批的质量应同主控项目和一般项目标准进行验收。

（7）对与结构安全和使用功能有关的重要分部工程应采取抽样检测。

（8）负责见证取样检测和相关结构安全检测的所有单位应具备相关资质。

（9）工程的观感质量应由验收人员现场检查，并应共同确认。

3. 施工项目竣工质量验收程序

工程项目竣工验收工作，一般情况下共有三个阶段，即竣工验收的准备、初步验收（预验收）和正式验收。

（1）竣工验收的准备。

工程建设的各参与方均应切实充分地将竣工验收准备工作做好。其中，建设单位负责完成竣工验收班子的组建工作，对竣工验收条件进行审核复验，采集并记录整理验收资料，做好建立建设项目档案、清理工程项目账款、办理工程结算手续等相关方面的准备工作；监理单位应与建设单位相互配合，共同完成竣工验收的准备工作，过程中对施工单位采取监督和督促的方式，保证竣工验收的准备工作圆满完成；施工单位需要及时处理工程收尾工作，按时完成竣工验收资料的准备（包括整理各项交工文件、技术资料并提出交工报告），组织准备工程预验收；设计单位应按时完成资料整理和工程项目清理等工作。

（2）初步验收（预验收）。

具备自检合格基础的施工单位，在工程项目达到竣工验收条件的情况下，如实填写工程竣工报验单，资料文件全部提交监理单位，并提交竣工验收申请。建设单位提交的工程竣工报验申请，由监理单位受理，由总监理工程师负责组织专业监理工程师形成相关班底审查竣工资料，并对工程质量采取全面核验，若核验中发现问题，则监理单位应及时督促施工单位进行整改。经监理单位检查验收达到合格标准后，总监理工程师按照规定签署工程竣工报验单，同时给相应建设单位出具质量评估报告。

（3）正式验收。

项目主管部门或相关建设单位在审查核验监理单位出具的质量评估和竣工报验单后，符合竣工验收条件和标准并进行最终确认的，即可组织进行正式验收。竣工验收经建设单位牵头组织，由建设、勘察、设计、施工、监理及其他有关方面的专家联合组成验收组，其下设立若干专业组。建设单位应在工程竣工验收7个工作日内，将计划验收的时间、地点及有关验收组名单予以公布，并以书面形式报送当地工程质量监督站。召开竣工验收会议具有如下程序。

第一，建设、勘察、设计、施工、监理单位依次汇报施工合同履约情况，以及工程建设的各个环节中法律法规的执行情况，工程建设强制性标准的情况。

第二，对相关建设、勘察、设计、施工、监理单位的工程档案资料进行审阅。

第三，对工程质量进行实地审查核验。

第四，全方位评价工程相关勘察、设计、施工、设备安装质量及各管理环节，形成在验收组人员共同签署基础上的工程竣工验收意见。工程竣工验收的建设、勘察、设计、施工、监理等各参与方如未达成统一意见，应经各方综合协商考虑后提出具体解决方案，达成统一意见后，重新进行工程竣工验收工作，情况复杂时可申请建设行政主管部门或质量监督站介入调解。完成正式验收后，验收委员会应出具相关竣工验收鉴定证书，总结验收成果，形成验收报告，确定并核实交工日期及办理承发包双方工程价款的结算手续等。

4. 竣工验收鉴定证书的内容

竣工验收鉴定证书的主要内容分为验收时间、验收工作概况、工程概况、项目建设情况、生产工艺及水平和生产设备试生产情况、竣工决算情况、工程质量的总体评价、经济效果评价、遗留问题及处理意见、验收委员会对项目（工程）的验收结论。

第四节　工程质量事故处理

一、工程质量事故分类

（一）工程质量事故的概念

1. 质量不合格

《质量管理体系》（GB/T 19000—2000）对质量标准具有明确规定：凡是工程产品未达到相关规定的规范要求的，就视其为质量不合格；未达成某个预期使用要求或合理的期望（包括安全性方面）要求的，则视为质量缺陷。

2. 质量问题

凡是工程质量不合格的，必须进行返修、加固或报废处理。由此造成的直接经济损失低于5000元的称为质量问题。

3. 质量事故

凡是工程质量不合格的，必须进行返修、加固或报废处理。由此造成直接经济损失在5000元（含5000元）以上的称为质量事故。

（二）工程质量事故的分类

由于工程质量事故一般具有复杂性、严重性、可变性和多发性，因此有多种方法可以对建设工程质量事故进行分类。一般情况可按照以下条件对其进行划分。

1. 按照事故造成损失严重程度划分

（1）一般质量事故。指经济损失在5000元（含5000元）以上，不满5万元的；或影响使用功能或工程结构安全，造成永久质量缺陷的。

（2）严重质量事故。指直接经济损失在5万元（含5万元）以上，不满10万元的；或严重影响使用功能或工程结构安全，存在重大质量隐患的；或事故性质恶劣或造成2人以下重伤的。

（3）重大质量事故。指工程倒塌或报废；或质量事故造成人员死亡或重伤3人以上的；或直接经济损失达10万元以上的。

（4）特别重大事故。指凡具备国务院发布的《特别重大事故调查程序暂行规定》

所列发生一次死亡 30 人及其以上，或直接经济损失达 500 万元及其以上，或其他性质特别严重的情况之一均属特别重大事故。

2. 按照事故责任划分

（1）指导责任事故。指由工程实施指导或领导失误造成的质量事故。例如，工程负责人片面追求施工进度，放松或不按照质量标准进行控制和检验，降低施工质量标准等。

（2）操作责任事故。指在施工过程中，由实施操作者不按照规程和标准实施操作引起的质量事故。例如，在浇筑混凝土过程中肆意加水，或振捣疏漏导致混凝土质量事故等。

3. 按照质量事故产生的原因划分

（1）技术因素导致的质量事故。其指在工程项目施工过程中出现技术层面上的设计、施工失误而导致的质量事故。例如，结构设计的相关计算错误、地质情况的估算错误、采用了不相适应的施工方法或施工工艺等。

（2）管理因素导致的质量事故。其指由不完善或不恰当的管理或管理失误导致的质量事故。例如，施工单位或监理单位没有完备系统的质量体系、没有严密规范的检验制度、没有严格规范的质量控制过程、没有有效落实质量管理措施、没有妥善管理存储检测仪器设备而致其失准、材料检验没有严格把关等导致的质量事故。

（3）社会、经济因素导致的质量事故。其指受经济因素及社会现存的陋习弊端和歪风邪气影响，建设过程出现错误行为，从而引发质量事故。例如：某些施工企业唯利是图，一味追求利润而忽视工程质量；在投标报价中恶意压低标价，中标后则通过违法行为或修改原定方案对工程款进行追加，或在工程建设过程中偷工减料等。

这些因素通常会引发重大工程质量事故，必须加以重视。

二、施工质量事故处理方法

（一）施工质量事故处理的依据

1. 质量事故的实况资料

质量事故的实况资料涵盖了质量事故发生时具体的时间、地点，以及对质量事故状况的具体描述，质量事故发展过程出现的变化情况，对于质量事故的相关观察记录，有关事故发生现场情况的照片或录像，事故调查组前往事故发生地进行调查研究后所掌握的第一手资料。

2. 有关合同及合同文件

有关合同及合同文件的具体内容有工程承包合同、设计委托合同、设备与器材购销合同、监理合同及分包合同等。

3. 有关技术文件和档案

有关技术文件和档案主要包括有关的设计文件（如施工图纸和技术说明），施工层面的技术文件、档案和资料（如施工方案、施工计划、施工记录、施工日志、有关建筑材料的质量证明资料、现场制备材料的质量证明资料、质量事故发生后对事故状况的观测记录、试验记录或试验报告等）。

（二）施工质量事故的处理程序

1. 事故调查

在事故发生后，施工项目负责人严格遵守规定的报送时间和程序，及时向企业报送事故的具体情况，积极组织专门管理调研组对事故展开调查。事故调查应符合及时、客观、全面的特点，形成全面可靠的事故分析与处理依据，从而推动事故的解决。调查结果经整合处理后以事故调查报告的形式记录在案，调查报告主要内容应包括：工程概况，事故情况，针对突发事故采取的应急临时防护措施，事故调查中涉及的相关数据、资料，事故发生的原因分析与初步研判，事故处理的针对性建议方案与解决措施，事故相关涉及人员与主要责任者的情况等。

2. 事故原因分析

要以事故情况调查为基础，避免情况不明就主观推断事故原因，特别是勘察、设计、施工、材料和管理等相关方面出现的质量事故，其发生的原因往往纷繁复杂，因此需要对经调查后所获取的一手数据、资料进行深入研究和分析，抽丝剥茧，去伪存真，排除干扰因素，找出事故发生的主要原因。

3. 制定事故处理方案

事故的处理要在缜密的事故原因分析后进行，过程中广纳谏言，认真听取专家及有关单位提出的相关建议和意见，在科学实践论证的基础上，对事故是否进行处理和如何处理作出最终决定。在编定相关事故处理方案时，应对事故处理负责，保证以安全可靠、技术可行的方式解决事故问题，使其不留隐患，同时又能达到经济合理、具有可操作性的效果，满足建筑功能和使用要求。

4. 事故处理

依照编定的质量事故处理方案，对质量事故进行及时有效的处理。处理内容包括：事故的技术处理，针对施工质量不合格或缺陷问题的有效解决；事故的责任处罚，以事故性质、损失程度、情节轻重为依据对事故产生的责任单位和责任人给予相应的行政处分，必要时追究其刑事责任。

5. 事故处理的鉴定验收

质量事故处理的预期效果是否达成，潜在隐患风险是否依然存在，这些都应由检查鉴定和验收工序作出最终判定和确认。在严格遵守施工验收规范及相关质量标准的规定前提下，对事故处理的质量进行规范化检查鉴定，必要时还应依靠实际量测、试验和仪器检测等有关手段获取事故处理的必要数据，以便针对事故处理的结果实行精准鉴定。事故处理后，务必及时提交完整的书面事故处理报告，其内容主要有：事故调查的原始资料、测试数据，事故原因分析、论证，事故处理的依据，事故处理的方案及技术措施，实施质量处理中有关的数据、记录、资料，检查验收记录，事故处理的结论等。

（三）施工质量事故处理的基本方法

1. 修补处理

当工程的某些部分出现质量未能满足规定的规范、标准或设计要求，具有相当一部分缺陷，但经过抢修补救之后仍能达到规定的质量标准，同时对使用功能或外观要求没有产生影响时，可采取相应的修补处理方法解决。例如，某些混凝土结构表面在部位修补处理作业后出现了蜂窝、麻面情况，通过相关调查分析得出不会影响其使用及其外观的结论；混凝土结构的表面或局部出现了不会影响其使用及其外观的损伤，如结构受撞击、局部未振实、冻害、火灾、酸类腐蚀、碱骨料反应等，也可采取修补处理。再如，对混凝土结构出现的裂缝，经分析研究后如果对结构的安全及其使用过程没有影响，则可进行修补处理。例如：当裂缝宽度不超过 0.2 mm 时，可采用表面密封法；当裂缝宽度超过 0.3 mm 时，采用嵌缝密闭法；当裂缝较深时，应采用灌浆修补法对其进行处理。

2. 加固处理

加固处理的主要对象是危及承载力的质量缺陷造成的事故对象。通过对缺陷处进行加固处理，提高并恢复建筑结构的承载力，其结构重新具备安全性、可靠性的质量要求，促进结构继续使用或有资格改换另外用途。例如，对混凝土结构常用的加固方法主要包括增大截面加固法、外包角钢加固法、粘钢加固法、增设支点加固法、增设剪力墙加固法、预应力加固法等。

3. 返工处理

对工程质量缺陷进行修补处理后仍未达到规定的质量标准要求，或本身不存在补救的可能性，必须及时进行返工处理。例如：某防洪堤坝填筑经过压实工程后，发现压实土的干密度不满足规定值，经核算认为其将影响土体的稳定性且自身达不到抗渗能力的要求，须挖除不合格土体，重新填筑，按照规定进行返工处理；某公路桥梁工程预应力按照规定张拉系数为 1.3，而实际仅为 0.8，其质量缺陷属于严重级别，无法修补，只能进行返工处理。再如，某工厂设备在进行基础性混凝土浇筑时掺入木质素磺酸钙减水剂，因施工管理出现纰漏，掺量远高于规定（规定为 7 倍），导致混凝土坍落超过 180 mm，石子下沉，混凝土结构不均匀，浇筑后 5 d 仍不能凝固硬化，28 d 的混凝土实际强度不到规定强度的 32%，不得不返工重新浇筑。

4. 限制使用

当出现按照修补方法对工程质量缺陷进行处理后仍不能确保满足规定的使用要求和安全要求，又无法进行返工处理的问题时，不得已情况下可作出相关处理决定，如结构卸荷或减荷及限制使用。

5. 报废处理

存在质量事故的工程，在经过分析或实践后，按照上述处理方式进行修补后仍未能达到规定的质量要求或标准时，必须按照规定予以报废处理。

第五节　工程质量统计分析方法

现代质量管理通常利用质量分析法控制工程质量，即利用数理统计的方法，通过收集、整理、分析、利用质量数据，并以这些数据为判断、决策和解决质量问题的依据，从而预测和控制产品质量。工程质量分析惯用的数理统计方法包括分层法、因果分析图法、排列图法等。

一、分层法

分层法又称分类法或分组法，即根据统计分析的目的和要求对调查收集到的相关原始数据进行整理分类，在经过数据整合后实现质量问题的系统化、条理化，以便从中总结出相关规律，找出影响质量因素的方法。

由于产品质量是众多方面因素相互影响的最终结果，因此针对同一批数据，能够按照性质的不同进行分层，有助于从不同角度研究分析产品可能存在的质量问题及其影响因素。常见的分层标志如下。

① 按照不同施工工艺和操作方法分层。② 按照操作班组或操作者分层。③ 按照分部分项工程分层。④ 按照施工时间分层。⑤ 按照使用机械设备型号分层。⑥ 按照原材料供应单位、供应时间或等级分层。⑦ 按照合同结构分层。⑧ 按照工程类型分层。⑨ 按照检测方法、工作环境等分层。

二、因果分析图法

因果分析图法，也称为质量特性要因分析法、鱼刺图法或树枝图法，它是一种图示方法，主要通过逐步深入研究的方式对质量问题原因进行展示。工程中的质量问题是多种因素造成的，这些因素有大有小、有主有次。通过因果分析图，层层分解，可以逐层寻找关键问题或问题产生的根源，从而有的放矢地处理和管理。

（一）因果分析图的作图步骤

（1）明确要分析的质量问题，将其置于主干箭头的前面。

（2）对原因进行分类，确定影响质量特性的大原因，并用大枝表示。影响工程质量的因素主要有人员、材料、机械、施工方法和施工环境五个方面。

（3）以大原因作为问题，层层分析大原因背后的中原因，中原因背后的小原因，直到可以落实措施为止，在图中用不同的小枝表示。

（二）制作因果分析图的注意事项

（1）一个质量特性或一个质量问题使用一张图分析。

（2）一般情况下以 QC 小组活动的形式展开讨论分析。在讨论过程中，应该充分发扬和平民主的精神，群策群力，联合分析，在特殊情况下还可以邀请小组以外的相关人员加入讨论，广泛收集意见。

（3）层层深入的分析模式。在分析原因的时候，要求根据问题和大原因，以及大原因、中原因、小原因之间的因果关系，层层分析，直到找出能采取改进措施的最终原因。不能半途而废，必须弄清问题的症结所在。

（4）以充分深入讨论分析为基础，每个参与讨论的人员通过投票或其他形式，从中选择 1~5 项具有多数人共识的最主要原因。

（5）针对最主要原因，有的放矢地制定改进措施，并落实到人。

三、排列图法

意大利经济社会学家维尔弗雷多·帕累托（Vilfredo Pareto）提出关于关键的少数与次要的多数二者关系的"帕累托原则"，后经美国质量专家约瑟夫 M. 朱兰（Joseph M. Juran）之手将这项原则运用到实际质量管理中。

排列图法又可叫作主次因素分析图或帕累托图，是针对寻找工程（产品）质量主要因素、具有现实有效性的一种工具。其特点主要是将产品质量的影响因素按照大小顺序依次进行排列。

（一）排列图的组成

排列图的组成如图 5-1 所示。

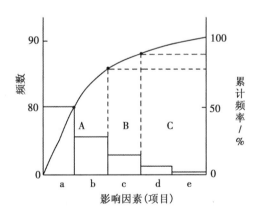

图 5-1　质量影响因素排列图

（1）排列图主要由两条竖线构成纵坐标、一条横线构成横坐标，加上若干矩形及一条平滑曲线构成主体部分。其中左边的纵坐标代表频数，右边的纵坐标代表累计频率，横坐标表现了影响质量的各种因素。

（2）若干个矩形分别代表质量影响因素的有关项目，矩形的高度反映了影响因素的大小程度，按照大小顺序依次从左向右排列。

（3）帕累托曲线：表示各影响因素大小的累计百分数。

（二）排列图的分析

以排列图形式分析工程（产品）质量的主要影响因素，可通过以下程序进行。

（1）列出影响工程（产品）质量的主要因素，并统计各影响因素出现的频数和累计频率。

（2）按照质量影响因素出现频数由大到小的顺序，自左至右绘制排列图。

（3）分析研究排列图，确定工程（产品）质量的主要影响因素。通常来说，质量的影响因素大致可以分为 A、B、C 三类：A 类累计频率在 0~79%，是质量的主要影响因素；B 类在 80%~89%，是质量的次要影响因素；C 类在 90%~100%，是质量的一般影响因素。

（三）作图步骤

① 收集数据。② 整理数据。③ 绘制坐标图和帕累托曲线。④ 分析图形。

第六章 水利工程建设项目成本管理

第一节 施工成本的主要形式

为了更好地认识和掌握施工项目成本的特性，做好施工项目成本管理，可根据不同需要，将施工项目成本划分为不同的成本形式。

一、按照成本控制需要划分

根据成本产生的时间进行区分时，为了不让成本超出承受范围，通常把施工项目的成本划分为预算成本、计划成本和实际成本三部分。要确定预算成本，就需要通过项目的施工图，严格按照国家规定的工程量计算规则来运算工作量，以及国家规定的建筑、安装工程的基本定额，还有不同区域的市场劳务价格、材料价格信息和价差系数，再根据相关取费的指导性费率，把上述几点结合起来运算。同时，可以通过预算成本来分析全国不同地区建筑业项目的平均水平。

计划成本可以视为施工项目于计划期内在成本方面努力实现的目标，需要通过预算成本，以计划期查阅的大量相关参考资料为支撑，与工程项目的技术特征、自然地理特征、劳动力素质、设备情况等结合，是在项目正式开始以前就应该计算出来的成本。它也反映了工程项目成本应该达到的标准。

实际成本是项目施工过程中实际产生的、可以列入成本支出的费用总和，是项目施工活动中劳动耗费的综合反映。

实际成本不同于预算成本和计划成本。实际成本是在工程施工过程中已经切实产生的、能被列入成本支出的金额总和，能体现出工程的真实消耗费用。

如果以计划成本和预算成本相比，能够看出项目成本的计划降低额，可以明确项目施工前在成本方面的努力目标。如果想要分析出施工项目的实际盈利亏损情况，可以对三种成本中任意两者进行比较。比如，为判断项目成本是否节约或者超支，可以用实际成本与计划成本来对比，若实际成本小于计划成本，则说明项目经理部的施工技术水平值得认可，技术组织措施的执行情况十分优秀，施工项目成功达到预期目标。如果用实际成本和预算成本相比，能够清晰地确定施工项目的最终结果是盈利还是亏损。

二、按照成本核算需要划分

一般来说，按照生产费用计入成本的方式来分类，通过成本核算需要，可以把施工项目分为直接成本和间接成本。

施工项目成本的这种分类方式，便于考核各项生产费用使用的合理程度，便于找出降低项目成本的途径。在生产费用发生时，有一些金额可以直接计入某一成本计算对象的费用，可以把这种费用定义为直接成本。如人工费、材料费、机械使用费和其他直接费用等都包含在内。间接成本与直接成本不同，甚至可以说与直接成本相反，在生产费用发生时不可以或者不方便直接计入某一成本计算对象，首先要根据发生地方或者应用方面等进一步汇总，等到月底采用固定的分配方式分配后方可计入有关成本计算对象。比如，一些项目施工前准备、组织和管理项目生产所发生的所有项目施工间接使用金额，都算间接费用。

三、按照成本预测需要划分

如果按照生产费用和工程量的关系来区分，根据成本预测的需求，施工项目成本可划分为变动成本和固定成本。

变动成本，顾名思义，是指在一定的时间和工程量范围内，发生的成本因为工程量增加或者减少呈现出相应正比例变化所产生的费用。直接用于项目施工的原材料、辅助材料、燃料和动力、计件工资制下的人工工资等都是变动成本。

固定成本与变动成本相反，在一定的时间和工程量范围内，发生的成本不会因为工程量增加或者减少而产生变化的相对固定的费用即固定成本。但是有一种情况，即只根据单位产品的固定成本来看，它会呈现出与工程量增加或减少相反的变化。比如折旧费、大修理费、管理人员工资、办公费、差旅费等。

为了达到控制和管理成本的目的，把施工项目的成本分成变动成本和固定成本。这不仅对项目的成本预测十分重要，也对最终决策起关键作用。

🔲 第二节 施工成本管理的内容

作为施工项目成本管理的六大环节，施工项目成本预测、成本计划、成本控制、成本核算、成本分析及成本考核缺一不可，各个环节之间紧密联系并互相影响。只有按时、按质、按量把每个环节都做到最好，让项目可以根据目标持续进行，才能达到把实际成本控制在预期目标成本范围内的最终目的。

一、施工项目成本预测

利用施工项目的成本信息详细状况，再加以更专业的技巧来科学地估算以后的成本水平和可能发展的趋势，便是施工项目成本预测，通俗来讲，就是工程项目开始施工之前要把成本核验计算出来。施工项目成本预测是策划施工项目成本方案的前提。

如今，随着社会的飞速进步，已经开发出丰富多样的预测方式，不过在大部分情况下，预测方式被分成定性预测方法和定量预测方法两大类。定性预测方法的定义是如果收集到足够的信息资料和直观材料，就可以找一些实践经历足够、分析能力出众的行内大家，充分利用自身经历来对施工项目成本和其他因素进行鉴定或分析的预测方法。一般情况下惯用的定性预测方法又分为专家会议法和专家调查法。至于定量预测方法，就需要利用历史统计数据，再采取某些数学方法进行严谨科学的制作和完善，以此来展现相关变量互相的规律性关联，这一类预测方法的主要用途是估测将来的进展改变。定量预测方法又包含时间序列预测法和回归预测法。前者根据指标自身历史数据的变动走向来推算市场的演变法则，对将来进行预测；后者按照实物自身要素之间展开的前因后果来估测其未来的进展趋势。

（一）专家会议法

专家会议法也叫集合意见法，顾名思义就是将相关的行内专家集中起来，针对估测对象召开会议，共同提出建议并讨论以预测工程成本。通常会挑选有相关经历，熟知经营管理，自身拥有多项技艺、本领和才能的不同方面专家。例如：对材料价格市场行情进行预测，可以请材料设备采购人员、计划人员、经营人员等；对工料消耗进行分析，可以请技术人员、施工管理人员、材料管理人员、劳资人员等；估计工程成本，可以请预算人员、经营人员、施工管理人员等。

但是值得注意的是，由于每个专家的主观判断不同，预测值会有较大差异。当遇到这种状况时，通常会将预测值的平均值或加权平均值作为预测结果。

（二）专家调查法（德尔菲法）

专家调查法也称德尔菲法，是根据行内专家的实践经验，利用系统程序，彼此分开和重复实行，对将来某个问题作出决断的一种方式。先要初步设计调查纲领，运用各类材料，轮流咨询每位专业人员的预估想法，最后把所有意见汇集、整理到一起，并把最后的调查结果有条理地总结成书面意见和汇报表格。这种方法具有匿名性，具体程序有如下几个步骤。

（1）汇集领导。要先组成一个估测领导队伍来进行德尔菲法预测。领导队伍责任重大，除了要先把预测主题设计出来，还需要依据材料制定出预测事件一览表，选择符合要求的专业人员，分析、整理、归纳和处理最终估测的结果。

（2）选定专业。选择专家是重中之重，不可懈怠。专家一般指掌握某一特定领域知识和技能的人。一般来说，专家的数量合适就好，不能太少，也不能过量，10~20人最佳。这个人数范围能有效弥补当面讨论时相互打扰，或者当面表达意见可能受到限制等缺点。这种方式最大的特点是专家之间没有任何关联，仅用信件联络。

（3）估测内容。如果预测任务不同，专家应答的问题纲要也需对应任务来拟定，说明作出定量估计、进行预测的依据及其对判断的影响程度。

（4）预测步骤。

第一，明确具体条件，确定预测目的，采取书信方式告诉被选择的专家或专业人士。不要忘记让专家提供已有的相关资料，并提出需要的任何可用于研究预测事件的特殊材料，以及明确各类材料该如何使用。

第二，在收到信函以后，专家利用经历和相关专业学识对预测事件将来可能的发展走向提出看法，再附上凭据和原因，同样以书信方式回复主持预测的项目方。

第三，领导小组汇总、整合专家的预测，再针对各个预测值一一表达出对应的依据和原因（采纳专家意见，但不讲明具体专家是谁），再寄回给每位专家。

第四，各位专家对自身的预测进行二次解析，并整理改正。这一步需要多次重复进行，从征询、归纳再到修改，不到各方意见基本相同不停止。意见修改次数根据项目方的要求来定。在普遍情况下，在反复第4轮时预测意见能趋于一致。

（三）移动平均法

一直以来，移动平均法作为时间序列预测法中的主要方法被广泛使用。对某个指标的原有历史数据，按照时间先后顺序，从首项数值开始，按照一定的项数求序时平均数，逐项移动求移动平均值，故称为移动平均法。以此可以得出一个由移动平均数构成的新的时间序列的平均数。这是一种十分有用的方法，它可以有效消除预测中的随机波动，过滤历史统计数据中的随机因素，把不规则的线型大体规则化，从而展现出预测对象的发展趋向和可能。

移动平均法又可分成简单移动平均法、加权移动平均法、趋势修正移动平均法和二次移动平均法。这里主要介绍简单移动平均法。

简单移动平均法，又称为一次移动平均法，是指在算术平均法的基础上，通过逐项分段移动，求得下一项的预测值。其基本公式如下

$$M_t = \frac{Y_{t-1} + Y_{t-2} + \cdots + Y_{t-n}}{n} \qquad (6-1)$$

式中，M_t——第 t 期一次移动的平均值，代表第 t 期的预测值；

Y_i——第 i 期的实际数值（$i = t-1$，$t-2$，$\cdots$，$t-n$）；

n——移动平均时的分段数据的项数。

（四）指数平滑法

指数平滑法，即指数修正法，这种方法认为时间最近的统计数据包含反映将来发展的信息，所以应当相对地赋予比前期统计数据更大的权数，即对最近期的统计数据应给予最大的权数，对较远的统计数据给予递减的权数。所以该法可以弥补移动平均法的两

个明显不足：① 需要大量历史统计数据的储备；② 用同样的权数来简单地平均统计数据。所以说它是在移动平均法的基础上发展起来的一种更科学的预测方法，也是一种简便易行的时间序列预测方法。

指数平滑法又分为一次指数平滑法、二次指数平滑法和三次指数平滑法。这里主要介绍一次指数平滑法，其计算公式如下

$$S_t = \alpha Y_t + (1-\alpha) S_{t-1} \tag{6-2}$$

式中，S_t——第 t 期的一次指数平滑值，作为第 $t+1$ 期的预测值；

$\quad \alpha$——加权系数，$0 \leqslant \alpha \leqslant 1$；

$\quad Y_t$——第 t 期（最近期）的实际统计数据；

$\quad S_{t-1}$——第 $t-1$ 期的一次指数平滑值，也就是第 t 期的预测值。

从式（6-2）中可以看出，平滑值的计算结果与加权系数 α 的取值息息相关。α 越大，最近期的统计数据在 S_t 中所占的比例越高，所起的作用也越大。若在实际应用中选取 α 值，则应经过反复试算再确定。

（五）回归预测法

回归预测法是指根据现象之间相关关系的形式，拟合成一定的直线或曲线函数，来代表现象间的数量变化关系。一般的回归预测方程为 $Y=f(x_1, x_2, \cdots, x_n)$。依据函数 $f(x_{n1}, x_{n2}, \cdots, x_n)$ 是线性或非线性形式，回归预测法分为线性回归预测和非线性回归预测；依据自变量 x_n 的个数等于 1 或大于 1，回归预测法又分为一元回归预测和多元回归预测。由此组合成四种不同的回归预测，它们是一元线性回归预测法、一元非线性回归预测法、多元线性回归预测法和多元非线性回归预测法。四种回归预测法的基本原理是一致的，所不同的是数学处理的难度不同。

一元线性回归法的基本公式如下

$$\widehat{Y} = a + bX \tag{6-3}$$

式中，$\widehat{Y}$——因变量；

$\quad a，b$——回归系数，也称待定系数；

$\quad X$——自变量。

二、施工项目成本计划

施工项目成本计划是一种书面方案，它通常以货币的形式来确定施工项目在计划期内产生的开支、成本水平、成本降低率，还有为了减少成本而选用的主要措施。同时，制订施工项目成本计划需要前提条件，建立施工项目成本管理责任制、开展成本控制和核算缺一不可。

三、施工项目成本控制

施工项目成本控制的意思是，施工过程中需要严格管理会影响项目成本的各类因

素，利用有效合理的方法来解决，不让实际产生的消耗和支出超出成本计划的范围。这就需要按时检查和反馈，力求所有费用都能达到要求的标准，还需要对实际成本和计划成本之间的差异运算、比较进行分析，旨在消除施工中的亏损和虚耗，及时找出问题并改正，归纳、回顾先进经验。预期的成本目标作为最重要的一点，为了实现甚至超过成本目标，需要严格控制成本。要控制施工项目成本，至少提前到招投标阶段，乃至项目保修期结束的整个环节，这也是企业全面成本管理重要的环节，每个步骤都不可或缺。又因为项目管理不是重复的行为，它的管理对象具体到一个工程项目，随着项目建设从开始到成功为其历史使命画上句点。这也意味着，在施工期间，必须把项目成本降到尽可能低，并且提高经济效益，因为这是无法逆转的，存在很多隐患和风险。要让项目盈利，成本控制很重要，如果做得不到位，就会有亏损的风险。

（一）施工项目成本控制的原则

（1）开源与节流相结合原则。降低项目成本，在增加收入的同时也要兼顾节约支出。所以在成本控制中，应遵循开源与节流相结合的原则。

（2）全面控制原则。全面控制是对项目全员、全面、全过程的掌控，要将施工项目的所有部门、所有成员，从预备阶段、工程施工到竣工验收、保修期结束，都纳入成本控制，以达到防止人人有责又人人不管的目的，整个过程顺序也需严格跟随项目施工进展的各个阶段连续进行。

（3）中间控制原则。施工项目的成本控制包含施工准备阶段、施工阶段、竣工阶段和保修期阶段的成本控制四个部分。准备阶段的成本控制并不复杂，一般领导会提出具体条件，再结合施工组织设计的详细内容明确成本目标，编写制作成本计划，制定成本控制方案，为当前和未来的成本控制做铺垫。

至于竣工及保修期阶段的成本控制，由于是盈利还是亏损已经基本成为定局，哪怕再有什么误差或错误，也没有办法再在本项目上改正，因此必须把成本控制的重心放在施工阶段。上述即施工项目成本控制的中间控制原则。

（4）目标管理原则。为了将计划贯彻到底，进行目标管理，将施工计划的宗旨、任务目标和手段区分成不同部分，并提出后续的条件，再对应落实到执行计划的部门、单位乃至个人。

（5）节约原则。加强经济效益，也就是不让人力、物力、财力多加破费，这是项目成本控制中最重要的一点和一个主要的基本原则。节约一般从三方面进行：① 严格按照成本开支范围、费用开支标准和有关财务制度行事，按照要求约束和监督不同成本费用支出；② 努力让施工项目的科学管理水平不断进步，改进完善施工计划，提升生产效率，降低人、财、物的损耗；③ 采取预防成本失控的技术组织措施，杜绝浪费。

（6）例外管理原则。例外管理的源头来自决策科学中的例外原则，在西方国家现代管理中使用得更多，当前更多地用以日常控制成本指标。

工程项目建设会涉及许多不同活动，也就是说，有许多活动是不在计划内的，如施工任务单和限额领料单的流转程序等，一般都是利用制度来保证其如期完成的。当然，有时候也会出现部分极少遇见的麻烦，被当作"例外"的问题。例如，在成本管理中常见的成本盈亏异常现象，原本可控的成本因为意外而莫名产生失控现象，一些短时间的节约，可能在未来给成本造成负面影响，如平时机械维修费的节约可能导致将来某天停工修理或其他不可预料的经济损失等，这些无一不属于"例外"问题，不要忽视这些"例外"，它们也许会在某一时刻变成关键性问题，让成本目标无法顺利如期完成，就算再微不足道的小问题也一定要高度重视。除了重点检查外，还需要多次剖析，并采取对应方式来修改。

（7）责、权、利相结合的原则。只有严格按照经济责任制的要求，贯彻责、权、利相结合的原则，才有可能让成本控制发挥最高效的作用。

（二）施工项目成本控制的对象和内容

（1）控制对象是施工项目成本的形成过程。按照对项目成本实行全面、全过程掌控的要求，具体的控制内容包括：中标以前的工程投标阶段，通过工程概况和招标文件，预测项目成本，提出投标决策想法；在中标以后，按照项目的建设规模，组建合适的项目经理部。

施工准备阶段，把设计图纸的自审、会审和其他资料（如地质勘探资料等）整合起来，制定实施性施工组织设计，紧接着比较多个方案的技术经济，再选定其中符合要求、可以执行的方案，也不能缺少详尽的成本计划，还有就是对项目成本的事前控制。

施工阶段，以施工图预算、施工预算、劳动定额、材料消耗定额和费用开支标准为前提，控制已经发生的成本费，随时准备进行成本核算、分析工作。

竣工验收、交付使用及保修期阶段，提前准备好验收工作，明确竣工验收过程发生的费用和保修费用，做好成本考核工作。

（2）把施工项目的职能部门、施工队和生产班组作为成本掌控的对象。平时突发的各类开销和亏损都是成本控制的一部分。这些突发情况可能在每个部门、施工队和生产班组都存在。因此，它们一同作为成本控制的对象，都应该被项目经理和企业有关部门严格教导、督促、查验和考核。此外，项目的职能部门、施工队和班组也需要掌控个人经手的责任成本。

（3）把分部分项工程作为项目成本的掌控对象。为了把成本控制工作做得更细腻、扎实，有针对性地解决成本控制之作，需要把分部分项工程当成项目成本的掌控对象。在一般情况下，项目应该按照分部分项工作的实物量，依据施工预算定额，结合项目管理的技术素质、业务素质和技术组织措施的节省策划，编写制定包含工、料、机消耗数目、单价、费用在内的施工预算，以作为对分部分项工程成本进行掌控的凭据。对于兼顾设计和施工的项目，很难在工作开始以前一次估出项目的全部施工收支计划，可以依照出图的状况，编写制定每个步骤的施工收支。总而言之，不论是全部的施工收支，还是分阶段的施工收支，每步都是进行项目成本掌控不可或缺的凭据。

（4）把面对外部的经济合同作为成本掌控对象。在社会主义市场经济体制下，施工项目面对外部的经济交易，要以经济合同为前提确立契约，确定两边的职权和责任。签订各类对外经济合约时，不仅要按照交易条件划定时间、质量、结算方式和履（违）约奖罚等条款，还必须强调将合同的数目、单价、费用控制在预期收支以内。这是由于合同费用超过预期收支，就代表成本损失；相反，能够减少成本。

（三）施工项目成本控制的一般方法

施工项目成本控制的方式多种多样，但普遍来讲有下面几种。

（1）用施工图预算控制成本支出。也就是根据施工图预期收支，实现"以收定支"。比如，假设预算规定金额划定人工费单价为13.8元，合同要求人工费补贴为20元/工日，二者加起来，人工费用的预算收入为33.8元/工时，那么项目经理部在和施工队签订劳务合同的时候，就应该把人工费用单价确立在30元以下。如此一来，人工费用就不会超过支出，甚至还存留一些余地。

（2）用施工预算控制各类资源的耗损。成本费用，就是资源耗损的货币表现。所以，掌握了资源耗损，就如同掌控了成本费用。就能够按照施工的预期收支给各生产班组签发施工职责单和限额领料单，并为其建造资源耗损台账，进行资源耗损的中间控制。工程完成后，按照收回来的施工职责单和限额领料单实行成本核算，并标明实行成本分析。

（3）应用同时跟踪成本与进度的方法掌握项目成本。施工项目成本与进度是相辅相成的两个方面，二者应该对应，通俗来讲就是施工到哪个步骤，就理应产生对应的成本金额。要是二者无法对应，就要分析理由并且修正。为高效地实行成本与进度的同步跟踪控制，可依靠横道图与网络计划图，以策划进度控制真实进度，以策划成本控制真实成本，并跟随不同工序进度的提早或延期，对各种分项工程的成本加以动态掌控，以确保对项目成本的控制。

（4）加大质量管理强度，严格掌控质量成本。质量成本是指项目为确保和提升产品质量而支出的所有费用，以及未企及质量标准而发生的所有损失费用之和。质量成本包含两个重要方面：控制成本和故障成本。控制成本又包含预防成本和鉴定成本，故障成本又包含内部故障成本和外部故障成本。质量成本的构成如图6-1所示。

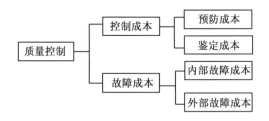

图6-1　质量控制成本构成图

经过分析质量成本的结果能够确定，项目成本与产品质量水平存在紧密关系，两者相辅相成、互相影响。控制成本（预防成本和鉴定成本）是质量保证费用，与质量水平成正比，也可以理解为工程质量越高，鉴定成本和预防成本就越大。故障成本属于损失性费用，与质量水平成反比，即工程质量越高，故障成本就越低。两者之间的关联如图 6-2 所示。

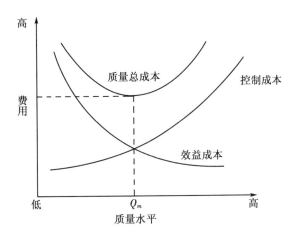

图 6-2　质量成本与质量的关系

从图 6-2 可以看出，对工程质量进行控制，并不是要求质量越高越好。质量高，必然会使成本费用增加；反之，将会使成本费用增加。因此，从经济角度来看，最佳的质量水平应是图 6-2 中的 Q_m 点（水平坐标标识处）附近。当质量水平大于 Q_m 时，应采取各种预防措施和保证工程质量措施，以提高产品质量，使之向 Q_m 靠近；当质量水平小于 Q_m 时，要把工作的重心放在分析研究现行工作标准上，把标准恰到好处地放松，把质量总成本拉低。也就是说，根据设计的条件、规则和标准施工，就能让质量水平接近 Q_m。

（5）加强合同管理，注意工程变更对项目成本的影响。普遍来说，工程变更指施工要求和策划的变更。当产生工程变更时，几乎都会使项目的投资和工程成本发生不小的改变，唯有准确、恰当地对费用和费用承担者给予合理确定，才不会影响项目双方的合作之约和项目的最终完成。不管是产生了设计改变，还是施工条件改变，对项目承包方已经确定的施工方法、机械设备使用、材料供应、劳动力调配，甚至工期目标的按时完成都有或重或轻的影响，也就是说，当产生工程改变时，一定要赶紧解决，以确定工程项目双方的义务。对于大的工程变更，比如一些工程建筑物的构造、位置等重大变更，需要先申请合同变更手续，才能实行处置办法；至于某些不严重的变更，工程中偶尔会发生，可在监理工程师同意以后先变更内容，到以后某个时期再一起解决，合理变更手续，以降低工程变更对施工企业造成的负面影响。

（6）固定期限展开"三同步"检验，避免项目盈亏反常。项目经济核算的"三同步"，就是统计核算、业务核算、会计核算的"三同步"。统计核算也就是产值统计，业务核算也就是人力资源和物质资源的消耗统计，会计核算也就是成本会计核算。依照项目经济活动法则，这三者之间有一定的同步联系，意思就是搞定多少产值、损耗多少资源、产生多少成本，这三点一定是同步的。项目成本控制中应定期开展"三同步"检查，如果察觉哪里不同步，就意味着项目成本盈亏的反常，需要查实缘由，迅速改正并采取措施。

（7）应用成本解析报表控制项目成本。掌控施工项目成本的另外一种方式是利用成本解析报表，根据这些报表可分析真实完工的工程量和与成本相对应的状况、预算成本与计划成本的状况、当月成本水平和前一个月成本水平的状况，以此来找到问题所在和发展趋向，恰到好处采取对应解决方法。平时使用最多的成本分析报表有月度成本分析表、年度成本分析表、竣工成本分析表。

（8）坚持现场管理标准化，堵塞浪费漏洞。这意味着要进一步加强现场平面布置管理和安全生产管理。这就需要规划施工现场的平面布置，要按照工程特色和场地情况，以配合施工为条件，服从安排。施工现场安全生产管理需要现场的全体工作人员必须按照现场安全操作规程行事，在确保人身安全和设备安全的情况下，防止出现不必要的耗损。

前面提到的项目成本的掌控方法，不太可能也不必须在一个工程项目中全部运用。按照不同工程项目的具体要求选择其中有针对性的、方便适用的方法，可能会起到事半功倍的作用。

四、施工项目成本核算

施工项目成本核算是指对项目施工时产生的各类费用和形成的施工项目成本进行核算。它包含两个基本步骤：① 依据规章制度的成本开支范围对施工费用进行归纳，计算出施工费用的真实金额；② 按照成本核算对象，采用合适的方式，计算该施工项目的总成本和单位成本。施工项目成本核算所提供的各类成本资料，是成本预测、成本计划、成本控制、成本分析和成本考核等步骤的凭据。

五、施工项目成本分析

施工项目成本分析是在产生进程中，对施工项目成本做出的比较评判和解析汇总，它贯穿在施工项目成本管理的整个进程里，这就意味着施工项目成本分析重点会采用施工项目的成本核算资料，与计划成本、预算成本和相似的施工项目的实际成本等作对比，熟悉成本的改变状况，系统地钻研使成本改变的原因，查验成本策划是否合情合理，深入揭露成本变动的规律，寻找降低施工项目成本的方法，从而高效地掌控成本。

六、施工项目成本考核

施工项目成本考核是指在完成施工项目以后，对施工项目成本中的所有责任者，按照施工项目成本目标责任制的相关规章制度，对成本的真实指标与策划、定额、预算作出比较和考察，来评议施工项目成本计划的完成状况和每名责任者的业绩，再以此给予相应的奖赏和责罚。经过成本考核，做到有奖有惩、赏罚分明。

综上所述，施工项目成本管理系统中各环节是相互联系和相互作用的。成本预测是成本计划的前提，把成本目标变得更加详尽的过程就是成本计划，也是成本控制的准则。成本控制则是对成本计划的工作进行督促，确保能够达成成本目标。成本核算是检验成本计划能否达成的最后一个步骤，它所供应的成本信息又给后来的施工项目成本预测提供基础资料。成本考核是实现成本目标责任制的保证和实现成本目标的必要手段。

第三节　施工成本管理的基本工作

施工项目成本管理是施工项目成本预测、成本计划、成本控制、成本核算、成本分析与成本考核的条件。万事开头难，所以必须先尽力把施工项目成本管理的基础工作做到最好。

一、强化施工项目成本治理观念

一直以来，建筑施工企业成本管理的核算单位不在项目经理部，多数都在工区或工程处，施工项目（或单位工程）的成本几乎没有人在意。施工项目的盈利亏损情况不清不楚，实际上也没有人负责。建筑施工企业拿项目经理部当作核算单位，条件是项目经理及经理班子和作业层所有人员一定要具备足够的经济见解、效益见解和成本见解，对项目的盈利和亏损状况有责任心。所以，为了达成施工项目成本治理目的，就要对企业和项目经理部人员进行提高成本治理的培训，让参与施工项目治理与实施的所有人员都意识到提高施工项目成本治理对施工项目的经济效益及个人收入所产生的重大影响，这样各类成本治理工作才能在施工项目治理中得到贯彻和实行。

二、加强定额管理

定额是在一定的生产技术组织条件下，在经济行为里为达成目的而对人力、物力、财力的使用所规定的数目与质量标准。加强定额管理是企业或项目经理部降低成本的一项重要管理制度。为了有效提高施工项目成本治理，一定得有完备妥善的定额材料。

虽然有国家统一的建筑、装配工程基本定额及市场的劳务、材料价格信息，但是企业也应该有施工定额，施工定额不仅是编制单位工程施工预算及成本计划的前提，而且是权衡人工、材料、机械消耗的准则。有了科学合理的定额，接下来要做的工作就是严格按照定额进行管理。

三、创建和健全原始记录与统计工作

原始记录是生产经营活动的首次直接记载，它不仅是记录生产经营活动的原始资料，也是编写制定成本策略、各类定额的凭据，还是统计和成本管理的前提。工程项目的原始记录主要有以下几种。

（1）有关施工生产的记录。如施工日志、施工任务单、专项质量检验单、停工单、交接班记录、事故报告单等，主要记录有关进度、质量方面的情况。

（2）有关劳动工资的记录。如职工的调出、调入、离职、出勤、缺勤、工时、加班情况等方面的记录。

（3）有关材料物资的记录。如原材料、辅助材料、工具、半成品、零件（点验单、出厂证、合格证、质量检验单等）的收入、发出情况，消耗情况，余料退库情况，废料利用情况，材料结存情况等方面的记录。

（4）有关能源的记录。如燃料、氧气等的购入、领用、消耗情况，压缩空气、电力的生产与消耗情况，水的消耗等方面的记录。

（5）有关设备的记录。如设备的购置、自制、调出、调入、使用、维修等方面的记录。

（6）有关工程款结算的记录。如验工计价、中间结算、竣工结算等方面的记录。

（7）有关合理化建议的记录。如合理化建议的内容及其实施过程和结果等方面的记录。

（8）有关财务的记录。如现金出纳、结算和支付工资方面的记录，以及各项消费支出。

创建和健全原始记录与统计工作，必须完成以下步骤：① 适时、完善、无误地记载原始数据和材料；② 原始记录必须符合成本管理条件，记录格式、内容和计算方法要统一，填写、签署、报送、传递、保管和存档等制度要健全并由专人负责；③ 原始记录应方便开展班组经济核算，力求简单可行、讲求实际效果，再按照真实状况，随时随地补充和改正，以充分发挥原始凭证的作用；④ 借助电子计算机进行信息的收集、加工和输出。

四、加强计量及验收制度

计量是指用统一规定的计量仪器，按照统一的计量单位，用科学的检测方法，对计量对象的数目进行的数据采集及传递工作。一般在项目施工中，物质产品、劳动对象、

技术标准等需要进行计量，如表示外在数量的长度、体积、容积、面积、质量、弧度等，以及表示内在物理化学性能的强度、拉力、抗渗性、耐水性、导热性等。如果没有计量工作，生产和经济交往就无法进行。

计量工作是对项目进行科学管理的必要条件。正确的计量不仅能为项目施工的数量和质量及材料试验提供可靠的依据，而且是实行项目核算、确定核算精确无误的前提。在项目施工过程中，如果没有计量工作或计量工作不完善、计量器具不精确，就很难有效地进行项目控制。因此，在整个施工过程中，从材料进库、工程测量，到质量验收、验工计价、竣工移交等，每个环节都要加强计量工作及管理。

五、建立和健全各类责任机制

想要全程对施工项目成本进行治理，除了要有完善细致的成本安排，更关键的是要有达成这种安排的方法及项目施工中各类相关的责任制度，和施工项目成本治理的各类责任制度有关联的计量验收制度，考勤、考核制度，原始记录和统计制度，成本核算分析制度、奖惩制度，以及完善的成本目标责任制体系。

第四节　降低施工项目成本的途径

降低施工项目成本的途径，应该是既开源又节流，或者说既增收又节支。具体途径如下。

（1）认真会审图纸，积极提出修改意见。施工单位在达到客户要求和确保工程质量的条件下，结合项目施工的主客观要求，严格审查设计图纸，并提出正面的整改建议。

（2）加强合同预算管理，提高工程预算收入。

首先，要长远商榷招标文档、合同内容，准确无误地制定施工图的预期开支。对于施工图的预期开支，考虑到也许会有意外的各种成本开销，要协商好，包含合同已定的属于包干性质的各类其他补助，将以上所有都列入施工图预期开支，根据工程款结算向甲方收取补偿。应该收取的绝对不落下，从而确保项目的预期开支和收入。其次，把合同已定的"活"项目，作为其中一个扩充预算收入的重点方法。例如，合同规定，待图纸出齐后，由甲乙双方共同商定加快工程进度、保证工程质量的技术措施，费用按实际结算。按照这一规定，项目经理和工程技术人员要结合自身项目特色，充分利用别人没有的技艺长处，采用科学优秀的新技术、新工艺和新材料，经甲方同意后实行。当然，这些措施必须符合以下条件：既能为施工提供便利、加快施工进程，又能提升工程质量，还能增加预算收入。最后，根据工程变更资料，及时办理增减账。

（3）制定科学的、合理的施工方案。制定施工方案要以合同工期和上级要求为依据，结合项目的规模、性质、复杂程度、现场条件、装备情况、人员素质等因素综合考虑。可以同时制定几个施工方案，征求现场施工人员的意见，以便从中优选最合理、最经济的方案。

（4）把技术组织措施落到实处。要想确切把技术组织措施安排落到实处，并取得成功，就应在项目经理的领导下完成分工合作：工程技术人员制定方案，材料人员提供素材，现场管理人员和生产班组负责实施，财务成本员结算节约效果，最后项目经理根据措施执行情况和节约效果对有关人员进行奖惩，形成并落实技术组织措施一条龙。

（5）组织均衡施工，加速施工。只要是根据时间计算的成本费用，如项目管理人员的工资和办公费、现场临时设施费和水电费，以及施工机械和周转设备的租借费等，在加速施工、减少施工时间的状况下就都会显著节省成本。不仅如此，还能从客户那得到一笔相当丰厚的提前竣工奖。所以，加速施工也可以高效降低项目成本。

加快施工进度将会增加一定的成本支出。因为加快施工进度，资源的使用相对集中，往往会出现作业面太小、工作效率难以提高，以及物资供应脱节、施工间歇等现象。所以，既要加快施工，又不能忽视实际情况，要平衡工作，要求速度快且不能整体乱掉，以免产生某些意外损失。

（6）减少材料经费。材料成本是项目整体成本中占比最高的，占70%左右，同时有较大的节约潜力。在其他成本项目（如人工费、机械费等）发生亏损时，经常靠节省材料成本来弥补。所以，材料成本的节省成为减少项目成本的重中之重。减少材料成本，重点要抓好材料的采购、保管、使用等各环节。

（7）提高机械利用率。在项目的预期开支里，机械使用费其实很少，只占5%左右。可是，预算成本中的机械使用费是按照购买机械时的历史成本计算的，而且折旧率并不高，这就使最后的支出超出预算收入的亏损现象极其容易发生。为改变这种情况，现行的财会制度已对机械折旧率和折旧方法做了适当的改变，工程预算定额也将对机械的取费作出相应改变。至于项目管理方面，则需要与实际情况结合起来看，从更完善地组织机械施工、提高机械利用率和完好率切入，尽全力节省机械使用费。

（8）完美利用激励机制，促进职工踊跃执行增产节约。从项目实际情况入手，灵活地行使激励机制。不管使用什么途径，都要力求调动职工增产节约的积极性。例如：对关键工序施工的关键班组要给予丰厚的奖励；对材料操作损耗非常大的工序，可由生产班组直接承包；实行钢模零件和脚手螺丝等的有偿回收；等等。

第七章　水利工程建设项目安全管理

第一节　施工安全因素

一、确定安全因素的要点

在生产生活中，安全是至关重要的，安全就是没有危险和威胁，保障安全至少要做到将系统运行中可能产生的危害降低到可接受程度。安全因素即关系到是否安全的因素，在水利工程中，施工安全因素的确定主要取决于以下几点。

（1）在工程建设中，分析范围的大小对安全因素的确定有重要影响。分析既可针对整个工程，也可针对工程的具体部分或阶段，如围堰、升船机等的施工。

（2）准确辨识安全因素，要求具体了解施工内容，正确分析工程安全隐患，选择具备足够能力的风险评估人员。

（3）关注具有代表性的影响安全的因素，抓住问题的重点，有针对性地解决问题。

（4）安全因素并不是固定的，对于需要安全分析的内容要做到灵活多变，能够被有效分析出来的都属于安全因素。

（5）安全因素是进行安全风险评估的关键，是构成评价系统框架的节点。

二、安全因素辨识的具体方式

安全因素是风险评估最基本的方面，只有辨识出具体影响安全的因素，才能使风险评估更加合理。在辨识水利工程施工中的安全因素时，要对施工的具体内容和可能存在的危险源进行确定，在此基础上着眼工程整体，从各个角度（如管理监督、人员构成、建筑材料、潜在隐患等），结合经验辨识安全因素。

安全因素的辨识从宏观上来看需要关注以下几点。

（一）工程区域条件评估

（1）施工地区是否面临或将要面临各类气象灾害及地质灾害？

（2）工程进行过程中是否存在爆炸隐患？各类型的危险源能否得到有效清理？

（3）若发生爆炸事故能否保证控制周边地区的人员及财产损失？

（4）施工期间如发生滑坡、塌方等重大事故或其他意外，是否对交通运输产生影响？

（5）施工中的排土工作是否会造成生态环境的破坏和本工程项目及友邻工程项目的破坏？

（6）是否具备停水、停电等问题的应急预案？能否保证重要设施的运行？

（7）工程所在地区的消防人员和消防设备是否充足？能否及时抵达现场？

（8）工程所在地区附近是否有设施完备的大型医院？医护人员能否有效配置？能否及时采取急救措施？

（二）安全管理情况评估

（1）安全机构、安全人员的设置是否满足安全生产要求？

（2）怎样进行安全管理的计划、组织协调、检查、控制工作？

（3）对施工队伍中各类用工人员是否实行了安全一体化管理？

（4）有无安全考评及奖罚方面的措施？如何进行事故处理？同类事故发生情况如何？

（5）隐患整改情况如何？

（6）是否有切实有效且操作性强的防灾计划？领导是否重视？关键性设备、设施是否进行定期试验、维护？

（7）整个施工过程是否制定了完善的操作规程和岗位责任制？实施状况如何？

（8）程序性强的作业（如起吊作业）及关键性作业（如停送电、放炮）是否实行标准化作业？

（9）是否进行在线安全训练？职工是否掌握必备的安全抢救常识和紧急避险、互救知识？

（三）施工措施安全性评估

（1）工程现场是否设立了明显的界限标识？

（2）有可能发生坍塌、滑坡、爆破飞石、高空坠物等的特殊场所是否标定了合适的安全范围并设有危险警示标志牌？

（3）友邻工程在施工安全上的相互影响是否得到妥善解决？

（4）存在危险性的特殊作业是否有足够的安全措施？是否能够保证实施？

（5）可能引起交通安全隐患的路段是否设有安全警告标示牌？

（6）工程施工场所道路是否通畅？是否存在安全隐患？

（7）用电设施的安全性是否得到保障？是否有检查和保护措施？

（8）高处和空旷裸露地面是否具备防雷措施？

（9）施工场所声音、光线及有害气体、液体排放等各项指标是否符合法律规范、达到安全要求？

（10）是否定期对所使用各项设备的安全性进行检查并进行档案记录？

（11）作业场存在的各种安全隐患是否能够得到解决？采取了哪些措施？

（12）登高作业是否具有足以保障安全的措施？是否定期检查更新？

（13）是否具备符合安全规范的防排水措施？

（14）防护用品质量是否得到保证？数量是否足够？更新是否及时？

（四）油库、炸药库等易燃、易爆危险场所情况评估

（1）危险品的数量、设计最大存放量是多少？

（2）对危险品化学性质及其燃点、闪点、爆炸极限、毒性、腐蚀性等是否了解？

（3）危险品存放方式是否正确（是否根据其用途及特性分开存放）？

（4）危险品与其他设备、设施、爆破器材分放点之间是否有殉爆的可能性？

（5）存放场所的照明及电气设施的防爆、防雷、防静电情况如何？

（6）存放场所的防火设施配置及消防通道是否有烟火自动检测报警装置？

（7）存放危险品的场所是否有专人 24 小时值班，有无具体岗位责任制度和危险品管理制度？

（8）危险品的运输、装卸、领用、加工、检验、销毁是否严格按照安全规定进行？

（9）危险品运输、管理人员是否掌握火灾、爆炸等危险状况下的避险、自救、互救知识？是否定期进行必要的训练？

（五）起重运输大型作业机械情况评估

（1）运输线路里程、路面结构、平交路口、防滑措施等情况如何？

（2）指挥、信号系统情况如何？信息通道是否存在干扰？

（3）人-机系统匹配有何问题？

（4）设备检查、维护制度和执行情况如何？是否实行各层次的检查？周期多长？是否实行定期计划维修？周期多长？

（5）司机是否经过作业适应性检查？

（6）过去事故情况如何？

以上这些因素均是进行施工安全风险因素识别时需要考虑的主要因素。实际工程中需考虑的因素可能比上述因素更多。

第二节　安全管理体系

一、安全管理体系的具体内容

（一）确立安全生产责任制

安全生产责任制是安全管理的重要准绳，是生产安全的基本保证。想要有效预防事

故的发生，就必须建立健全安全生产责任制。

确立安全生产责任制的目的在于明确各级领导、各职能部门及工作人员在工作中各自需要担负的安全职责。安全生产责任制是使安全与生产相统一的条件，是"管生产必须管安全"原则的固定器，明确安全生产责任制，坚定"安全生产，人人有责"原则，能够增强各级各类管理人员的责任心和使命感，使安全管理无论是从横向还是纵向、无论是从宏观还是从微观都能够落实。安全生产责任制的内容制定要做到细致入微，精准确立不同级别、不同职责对于安全责任的分工，责任到人。落实具体实施和考核评价，确保安全生产责任制的实行。

（二）普及安全教育

安全教育是面对职工进行的关于安全法律法规、安全基础知识、安全操作培训等活动，是提高职工安全意识不可或缺的一环，需要企业进行组织并确立安全教育制度。安全教育制度应包含安全教育时间和期限、受教育群体、教育具体内容，如新工人、外施队人员进入施工场所前必须进行公司、项目、班组安排的三次安全教育。从事高危工种的特殊人员必须经过专业机构的严格培训，具备合格证，并做到每年定期培训。对使用新项目、新技术的人员，以及所从事工种有所变换的人员重新进行相关安全操作的培训。

（三）完善安全检查制度

安全检查是企业预防生产安全事故非常重要的途径。通过安全检查能够有效规避安全隐患、安全事故，改善施工环境、创造良好的施工条件。

安全检查制度内容应包括确定检查的时间、内容、方式和负责人。注意要保障检查的经常性、季节性、专项性、群众性及专业性。对于检查出的问题应记录在案，并给予妥善迅速的处理，并反复跟进检验，直到彻底消除安全隐患。

（四）规范各工种安全操作

在劳动过程中，各工种都要对自身的安全操作进行规范，最大限度地规避违规行为，以防造成严重事故，从而保障作业人员的安全。制定安全操作规程是企业安全管理的重要环节之一。

安全操作规程的制定需要以国家法律为基本规范，结合工程现场的具体情况，综合考虑工程所需新工艺等问题。在制定出合理的安全操作规程后，要落到实处，保证其能够在监督下顺利实施。

（五）制定安全生产奖罚办法

企业需制定安全生产奖惩办法，强调安全生产的重要性。通过适当奖惩加强劳动者对安全生产的重视，防止劳动者在劳动过程中因不规范行为违反法律，或造成人身伤害事故。

安全生产奖惩办法需制定具体的奖惩制度，设立奖惩原因、数额、程序等，做到赏罚分明，达到使劳动者见贤思齐，见不贤而内自省的效果。

（六）设立施工现场安全管理规定

施工现场安全管理作为安全管理制度的重中之重，需要设立相关规定对施工现场的安全设施加以规范。

施工现场安全管理规定要求对施工现场的技术安全、脚手架工程安全、电梯井操作安全、马路搭设安全、大模板拆装存放安全、井字架安全、龙门架安全、孔洞临边安全、拆除工程安全等方面进行管理。要做到事无巨细，保障工程安全实施。

（七）建立机械设备安全管理制度

建筑施工过程中普遍使用的垂直运输和加工机器等统称为机械设备，这类设备具有危险性，因此被列为施工安全管理的重要对象。妥善管理机械设备需要建立机械设备安全管理制度。制度要求大型设备在相关部门进行备案，并定期对机械设备进行检修、保养和更新，保证机械设备始终处于良好的状态。

（八）实施临时用电安全管理制度

施工现场离不开临时用电，电力安全一直是施工过程中的重要方面。因此，制定临时用电安全的管理制度势在必行。

临时用电管理需要考虑外电、地下电缆、设备接地接零、配电箱设置等一系列安全问题。对现场照明、配电、各种电器装置及档案的管理也不可或缺。

（九）保障劳动防护用品的安全使用

劳动防护用品在作业过程中起着必不可少的安全保障作用，能够使劳动过程中可能存在的伤害最大限度地降低或消解，是保护劳动者的重要辅助措施，是生产中对劳动者强有力的保障，对于减少职业危害起着相当重要的作用。

劳动防护用品管理制度的内容应包括安全网、安全帽、安全带、绝缘用品、防职业病用品等的管理方法与使用方法。

二、安全管理体系建立步骤

（一）管理者决策

由项目最高级别的负责人亲自决策，更容易获得各方面的支持，在体系建立过程中所需的资源也能够得到更好的保障。

（二）成立工作组并开展人员培训

1. 工作组的成立

安全管理体系由负责人或其带领小组建立。选择工作小组成员时要尽量做到部门全覆盖，组长最好由管理者担任，以保证小组能准确及时获取人力、资金等信息。

2. 人员的培训

培训要求有关人员能够深入了解建立安全管理体系的重要性，领悟建立安全管理体系的核心思想。

（三）开展初始状态的评审

对初始状态的评审需要了解、收集和分析组织从前和当下的安全信息及安全状况，以现存法律法规为标准，对是否存在危险源和风险进行评估。得出的结果用以制定安全管理方针。

（四）制定相关内容的管理方案

组织需要对安全行为和意图进行说明，承担相关责任，因此方针的制定尤为重要。制定确切的方针并严格依照方针执行不但能够规范组织的行动，而且能对后续一切活动进行合理解释，为后期进一步的活动提供参照样本。

制定安全指标能够体现出组织在实施具体管理行动期间是否完成预计任务、是否达到预期目标，能够检验组织工作与企业最终目的是否契合。

管理方案是目标实施的具体行动方案，是安全管理体系能够稳步实现的标准，方案要与实际情况相结合。要以年度目标为单位，制定合理的、利于发展的安全管理方案。方案的制定对于工程目标的实现和相关指标的达成具有推动作用。

第三节　施工安全控制

一、安全操作要求

（一）爆破作业

1. 爆破器材的运输

在气温低于 10 ℃的环境下运输易冻的硝化甘油炸药时，应采取防冻措施；在运输爆破器材时，应使用专门车辆，禁止用翻斗车、摩托车、三轮车、自行车等车辆；运输炸药雷管时，装车高度要低于车厢 10 cm。车厢、船底应加软垫。雷管箱不许倒放或立放，层间应垫软垫；通过水路运输爆破器材时，停泊地点与岸上建筑物的距离需超过250 m；通过车辆运输爆破器材时，排气管宜设在车前下侧，并应设置防火罩装置；车辆在视线良好的情况下行驶时，时速不得超过 20 km（工区内不得超过 15 km）；在弯多坡陡、路面狭窄的山区行驶时，时速应保持在 5 km 以内。平坦道路行车间距应大于50 m，上下坡行车间距应大于 300 m。

2. 爆破

明挖爆破音响应按照预告（现场停止施工，所有人员全部撤离）、准备、起爆的顺序发出信号。在确认安全后，爆破作业负责人再通知警报室发出解除信号。在特殊情况下，如准备工作尚未结束，应由爆破负责人通知警报室延后发布起爆信号，并用广播器通知现场全体人员。装药和堵塞应使用木、竹制作的炮棍，严禁使用金属棍棒装填。

深孔、竖井、倾角大于 30°的斜井和有瓦斯及粉尘爆炸危险等工作面的爆破，禁止采用火花起爆；炮孔的排距较密时，导火索的外露部分不得超过 1 m，以防止导火索互相交错而起火；一人连续单个点火的火炮，暗挖不得超过 5 个，明挖不得超过 10 个；并应在爆破负责人指挥下，做好分工及撤离准备；当信号炮响后，全部人员应立即撤出炮区，迅速到安全地点掩蔽；点燃导火索应使用专用点火工具，禁止使用火柴和打火机等。

用于同一爆破网路内的电雷管，电阻值应相同。网路中的支线、区域线和母线彼此连接之前各自的两端应绝缘；装炮前应切除工作面一切电源，照明设施至少设于距工作面 30 m 以外的地方，只有确认炮区无漏电、感应电后，才可装炮；雷雨天严禁采用电爆网路；供给每个电雷管的实际电流应大于准爆电流，网路中全部导线应绝缘；有水时导线应架空；各接头应用绝缘胶布包好，两条线的搭接口应至少错开 0.1 m，禁止重叠；测量电阻必须使用专业的爆破测试仪表或线路电桥，并保证其经过检查能够正常使用，严禁通过其他电气仪表进行测量；通电后若发生拒爆，应立即切断母线电源，将母线两端拧在一起，锁上电源开关箱进行检查。对于即发电雷管，至少在 10 min 以后进行检查；对于延发电雷管，至少在 15 min 以后进行检查。

导爆索只能用快刀切割，不得用剪刀剪断；支线要顺主线传爆方向连接，搭接长度不应少于 15 cm，支线与主线传爆方向角度应小于等于 90°；起爆导爆索雷管的聚能穴要正对导爆索的传爆方向；导爆索处于交叉地铺设状态时，需要在交叉处设置厚度足够的木垫板，其厚度一般在 10 cm 以上；要避免导爆索的连接处断裂破皮、打结或打圈。

用导爆管起爆时，应设计起爆网路，并进行传爆试验；网路中所使用的连接元件应经过检验合格；禁止导爆管打结，禁止将其在药包上缠绕；网路的连接处应牢固，两元件应相距 2 m；敷设后应严加保护，防止冲击或损坏；一个 8 号雷管对导爆管起爆数量的要求为 40 根及以下，层数控制在 3 层及以下，只有确认网路连接正确，与爆破无关人员已经撤离，才准许接入引爆装置。

（二）起重作业

钢丝绳的安全系数应符合有关规定。根据起重机的额定负荷，计算好每台起重机的吊点位置，最好采用平衡梁抬吊；每台起重机所分配的荷重不得超过其额定负荷的 75%~80%；应有专人统一指挥，指挥者应站在两台起重机司机都能看到的位置；重物应保持水平，钢丝绳应保持铅直受力均衡；具备经有关部门批准的安全技术措施；重物离地面 10 cm 时，应停机检查绳扣、吊具和吊车的刹车可靠性，仔细观察周围有无障碍物。以上全部确认无问题后，方可继续起吊。

（三）脚手架拆除作业

拆脚手架前，必须将电气设备和其他管、线、机械设备等拆除或加以保护。拆卸脚手架时，应统一指挥，自上而下进行；严禁为图方便不按照顺序拆卸或反向拆卸。拆下的材料，禁止往下抛掷，应用绳索捆牢，用滑车、卷扬机等工具将其慢慢放下来，并集中堆放在指定地点。拆脚手架时，禁止使用直接推倒脚手架的方式进行拆除。拆除三级、特级及高处作业使用的悬空脚手架时，必须提前制定安全方案。拆除脚手架期间，区域禁止无关人员通行，在涉及交通的道路设置警戒人员和标识。未经负责人员同意，禁止随意拆卸或改变脚手架的结构。

（四）常用安全用具

施工期间所使用的安全防护用具如安全帽、安全带、安全防护网等须符合国家质量标准，具有安全鉴定证书和产品合格证，发放的安全防护用具需保证数量，并做到定期检查和更新。高空作业必须架设安全防护网，作业人员需规范使用安全带，将其固定在足够牢固的物体上，禁止低于作业人员。用于固定安全带的安全绳长度不宜过长，以 3 m 以内为佳。有害气体可能泄漏的作业场所，应配置必要的防毒护具，以备急用，并及时检查、维修、更换，保证其处在良好待用状态。电气操作人员应根据工作条件选用适当的安全电工用具和防护用品，应使用符合安全技术标准的电工用具并定期对其进行检查，凡不符合技术标准要求的防护用品（如绝缘、登高作业安全工具，电压、电流指示器及未完成检修的临时接地线等），均不得投入使用。

二、安全控制要素

（一）普通脚手架控制安全注意点

（1）根据工程的特点和施工要求，在搭设脚手架前要确定好搭设及拆除的具体方案。

（2）要求设置纵、横两个方向的扫地杆。

（3）高度低于 24 m 的单排或双排脚手架均需在外侧立面的两端及由底至顶的中间各道分别设置剪刀撑。剪刀撑及横向斜撑应与立杆、纵向和横向水平杆等设施同时搭设，各底层斜杆下端必须用垫块或垫板支撑。

（4）高度低于 24 m 的单排或双排脚手架更适合用刚性连墙件与建筑物连接，或使用拉筋和顶撑相配合的附墙方式连接，仅有拉筋的柔性连墙件在低于 24 m 的脚手架上禁止使用。高度在 24 m 以上的双排脚手架必须使用刚性连墙件，将其与建筑物连接在一起，连墙件必须能够承受足够大的拉力和压力。高度低于或等于 50 m 的脚手架使用连墙件时应遵循"三步三跨"原则，高度超过 50 m 的脚手架使用连墙件时则按照"二步三跨"原则放置。

（二）普通脚手架检验程序

项目经理与项目各班组负责人等是脚手架验收的主要人员，脚手架验收需要依照是否符合技术规范、是否遵循施工方案及技术交底等流程分段进行。只有符合安全规范和要求的脚手架才能投入使用。

脚手架及地基质量问题的查验应在以下几个阶段进行。

（1）地基基础彻底完工后及脚手架搭设之前。

（2）在作业所搭建的层面上施加荷载前。

（3）每搭设完 10~13 m 高度后。

（4）达到设计高度后。

（5）遇有六级及以上大风与大雨后。

（6）寒冷地区土层开冻后。

（7）停用超过一个月的，在重新投入使用之前。

（三）附着式升降脚手架安全注意事项

附着式升降脚手架包括整体提升脚手架或爬架。使用附着式升降脚手架时，要根据其特殊工艺和施工现场实际条件，制定包括设计、施工、检查、维护和管理等内容的专项施工方案。必须严格按照设计的具体要求和规定的程序进行组建和安装，安装后需要进行严格的验收并进行多次荷载试验，确认符合安全规范和要求后，才能正式投入使用。

进行作业时，架上承载的重量（包括人员和材料）不得超出安全规范设定的范围，并以最少为佳。脚手架升降前必须认真检测附着和提升需要使用的设备状态，若发现异常应立即停止使用并找出问题出现的原因，尽快解决。

升降作业应统一协调安排。在进行安装、升降、拆除等存在风险的作业时，应采取安全警戒措施，并安排专人进行监护。

（四）洞口、临边防护控制

1. 洞口作业期间的安全防护要求

（1）楼板与墙存在洞口的地方均需按照洞口大小和特点分别设置足够坚固的防坠落设施，如盖板、防护栏等。

（2）各种存在孔洞的地方一律按照洞口处理，如坑槽、桩孔的上口、各种基础的上口及天窗都需设置相应的防护措施。

（3）楼梯口，楼梯口边若未搭扶手则需要设立防护栏，以免作业人员发生坠落事故。

（4）电梯井等处除在井口设置固定的防护栏外，还应在井内设置安全网，安全网需每隔两层一设，两张安全网间距不得超过 10 m。

（5）工程入口处和常有人员经过处上空需设置防护棚，防止高空坠物造成的各种事故。

（6）施工现场存在安全隐患处、易发生坠落处，除日间基础的防护设施与安全警示牌以外，还需设置用以夜间示警的红灯。

2. 洞口的防护设施要求

（1）楼板、屋面和平台等面上短边长 2.5~25 cm 的孔口必须使用盖板及其他防护措施，盖板需足够坚实牢固并且设有防移位的固定器。

（2）边长 25~50 cm 的洞口、由于安装预制构件或缺件而临时形成的洞口，需用竹、木等结实的材料做盖板将洞口盖住，确保盖板放置在洞口正上方，并保证其位置不发生移动。

（3）边长 50~150 cm 的洞口必须设置网格栅，通过扣件连接钢管使其固定，并在其上再铺一层篱笆或脚手板，也可用浇筑混凝土用的钢筋构成防护网，钢筋间距必须小于 20 cm。

（4）边长超过 150 cm 的洞口四周必须设置立式防护栏，并且在洞口下设平网防护，以保障安全。

3. 施工用电安全控制

（1）临时用电设备在 5 台及以上，或设备总容量在 50 kW 及以上，应编制用电组织设计。若临时用电设备少于 5 台及设备总容量低于 50 W，则需要具备全套的安全用电及防火手段。

（2）变压器的中性点直接接通地面的临时工程需采用 TN-S 接零系统，除此之外均不可用。

（3）工程所用供电系统与外线路所用系统为同一个时，不得改变电气设备原有的接地、接零系统，即原有设备接地则全部接地，原有设备接零则全部接零。

（4）配电箱相关问题。

第一，施工现场的电力系统配电须设有总、分、开三级配电设施，即总配电箱（柜）、分配电箱和开关箱，按照顺序设置。

第二，为确保电源引入方便和负荷平衡，需注意各配电设施的位置，总配电箱（柜）不要离变压器、外电源太远，分配电箱需设置在用电设备密集区，开关箱需靠近关联设备。

第三，通过设置两个电回路确保临时用电系统的负荷平衡，需要将动力配电箱和照明配电箱分开设置，避免设置在同一个回路里面。

第四，工程现场用电设备开关箱不得混用。

第五，各级配电箱的箱体和内部设置必须符合安全规定，开关电器应标明用途，箱体应统一编号。停止使用的配电箱应切断电源，锁上箱门。固定式配电箱应设围栏并有防雨防砸措施。

（5）电器装置选取与配置。漏电保护器是开关箱中的最后一级保护，对额定漏电动作电流和时间都有比较严格的要求，在普通条件下，漏电电流不得超过 30 mA，漏电时间不得超过 0.1 s。在潮湿、有腐蚀性的环境中，需选择具备防溅功能的漏电保护器，额定漏电电流不得超过 15 mA，额定漏电动作时间不应大于 0.1 s。

（6）施工现场照明用电。

第一，在阴暗场所，如坑、洞、井等，夜间或在厂房、仓库、料具堆放场所等采光较差的场所作业时，应设置照明系统。一般场所宜选用额定电压为 220 V 的照明用具。

第二，隧道、人防工程、温度较高或照明工具距离地面高度低于 2.5 m 的场所的照明系统电压须小于等于 36 V。

第三，空气湿度大和存在带电体环境的照明系统电压需低于 24 V。

第四，极度潮湿、地面材质导电性好的场所，或在锅炉等金属容器内设置照明电源其电压不得超过 12 V。

第五，照明变压器应使用能够安全隔离的双绕组型变压器，自耦变压器可能存在安全隐患，禁止使用。

第六，室外 220 V 照明用具与地面距离不得小于 3 m，室内 220 V 照明用具与地面距离不得小于 2.5m。

4. 垂直运输机械安全控制

（1）外用电梯安全控制要点。在进行外用电梯的组装或拆卸前，需了解其型号特性和技术要求，结合实际制定可行的施工方案。

（2）外用电梯的相关作业需由具备资质、具有一定专业性的团队进行，并获得准用证，证明建造合格后才能使用。

（3）外用电梯在大雨、大风等恶劣天气禁止使用，在恶劣天气过后需对其进行彻底的安全检查。

5. 塔式起重机安全控制

（1）在安装和拆卸塔吊之前，需要严格依照说明书的要求制定确切的施工方案，并保证按方案执行。

（2）塔式起重机的安装和拆卸必须由具备相应资质的单位及人员进行，在安装完成后需经过政府部门的检验，得到准用证后才能使用。

（3）遇到风力超过六级的大风天气或其他恶劣天气需停止作业，升起吊钩，夹好行走式起重机的轨钳。当风力达到十级及以上时，应在塔身结构上设置缆风绳或采取其他措施加以固定。

◢◤ 第四节　安全应急预案

安全应急预案是指对于可能会发生的危险或事故预先作出的准备，目的是能够快速有效地展开应急行动，降低人员和财产的损失。安全应急预案要求对潜在危险和重大事故可能发生的概率进行评估，并事先对此进行安排和计划，涉及应急机构、工作人员、救援装备、行动指挥等方面。应急预案需要对事故发生的前、中、后期进行的活动作出策划和准备。

一、重大事故应急预案

重大事故的发生往往有迹可循，因此政府和经营单位需要对可能存在安全隐患的场所进行风险评估，以预防事故的发生和不可控化。对于经过评估认定的存在风险的场所及其风险的源头，需模拟事故可能导致的后果（如人员伤亡、财产损失等），若有火灾等问题，要注意爆炸和有害气体泄漏造成的后果。

根据预测的结果，需要预先制定整套事故应急预案，包括成熟的救援队伍和完备的救援器械，以免面临重大事故时无法及时反应，导致救援不及时和事态失控。提前制定事故应急预案目的如下。

（1）能够及时采取措施控制事故发展，防止更加严重的事故或附加事故的发生。

（2）能够迅速救援，最大限度地减少人员伤亡和财产损失，提供更加强有力的安全保障。

在紧急救援体系中，事故应急预案是最主要的环节之一，也是事故救援过程中最核心的内容，是安全的保障。制定事故应急预案的具体好处如下。

（1）制定事故应急预案可以为应急救援提供方法论支持和理论依据，以提供的应急预案为准绳，可以更加高效地开展和实施事故救援，应急救援人员能够对业务更加熟练，业务能力得到相应的提升，整体协调性也能够得到正确的评估。

（2）制定事故应急预案对于在事故发生后做出及时的应急响应、降低事故造成的后果有积极作用。应急行动有严格的时间要求，任何延误都有可能造成严重的后果。事故应急预案能够预先确定应急工作各方面的职责和任务，面临需要应急救援的局面时，能够迅速、高效地开展和有序地进行救援，降低事故造成的人员和财产损失。

（3）事故应急预案能够在意外事故发生时提供可以直接用以参照的处理办法，因此，事故应急预案的编制格外重要。作为事故应急救援的准绳，事故应急预案不但能够针对特定事故进行专项预案，而且能够及时针对事故制定相应措施，并指导救援人员进行演习。

（4）事故应急预案与上级部门的救援体系形成良好的衔接关系。事故应急预案对面临突发重大事故时救援人员的反应速度有直接的提升，为安全快速的解决问题保驾护航。

（5）事故应急预案对风险防范意识的增强起到了积极作用。事故应急预案的编辑与制定、评价与审核、发布与宣传、教育与培训等一系列进程有利于应急措施的普及、安全意识的提高和应急管理的强化，为降低安全事故风险提供了有力支持。

二、应急预案的编纂与制定

事故应急预案的具体制定过程如下。

（一）成立事故预案编制小组

在应急预案的编制过程中，相关职能部门和专家团体的加入是必不可少的，编制出合格的应急预案需要相关人员共同努力，做到意见一致，统一协作。事故应急预案编制小组的成立能够集多方力量于一体，为不同领域的人员提供深层交流和整合的机会。

（二）危险分析和应急能力评估

危险分析和应急能力评估有助于确定应急预案编制的目的和流程，为使危险分析和应急能力评估有效开展，应急预案编制小组需要收集国家现行法律、事故典型案例、应急预案的设立标准等材料。

（1）危险分析。应急预案编制最根本的环节就是危险分析。除了对危险因素进行辨识、评价及排查事故安全隐患并治理外，确定区域内或工程建设中可能发生的事故类型、影响也格外重要，除此之外，还要看到事故发生后可能面临的次生、衍生事故，并制作报告，将报告结果加入应急预案的整体编制内容。危险分析主要包括危险来源和危险程度，危险来源包括有毒、有害、易燃、易爆物质，需要记录其生产单位的信息，并记录危险物质的信息，如名称、产量、危险程度等，包括以往事故情况和事故的诱因。在对危险源进行全面调查的基础上，对事故潜在危险来源进行评估，以此确立可能导致事故产生的危险源的实际危险等级。

（2）应急能力评估。以危险分析的结果为依据，对应急资源的准备是否充分和是否具备从事应急救援活动的能力的评估就是应急能力评估。应急能力评估的目的是明确应急救援存在的现实需求和不足之处，为事故应急预案奠定基础。应急能力包括硬性的应急资源（人员、设施、装备和物资）和应急人员的技术熟练度与接受培训的程度等，这两大因素将对应急行动的实施产生最为直接的影响。

制定应急预案时需要考虑应急能力是否与存在的危险相匹配，在此条件下选择应急策略，力求确保应急策略的合理性、可用性。

（三）落实应急预案的编辑制定

目前，针对应急预案最核心的要求是结合经过探测和评估得出的潜在安全隐患等因素，以国家法律法规为最基本前提，落实应急预案的制定。在具体的制定过程中，不但要统一各部门的思想，还要加强对各部门工作人员的培训，扬长避短，使应急预案编制组成员对危险分析和应急能力评估达到完全掌握的程度，对制定应急预案和进行应急救援活动的重点、要点完全熟悉，与此同时，充分利用社会现有资源编制应急预案，并与现有国情紧密贴合，与上级部门现有应急预案做到相辅相成、环环相扣。

（四）应急预案的评审和最终发布

（1）应急预案的评审。应急预案编制期间，评审环节是必不可少的。评审能够综合各级各类专家的意见，能使应急预案更加具有可行性、科学性和合理性。越是重点的方面越需要严格的行动方案支持，编制期间就越需要更加严格的评审制度，参与进来的相关部门和机构等也更具权威性。行动预案的制定需要将理论结合实际，实地勘查是其中的一个重要方面。对目标周边环境、地理条件等的勘察便于进一步确定行动展开的具体路线和步骤及保障安全的施工方案。在勘察后，相关部门需要依照我国现行法律法规和已有的纲领性文件与往期的审查记录表组织评议。只有得到政府部门的认可，预案才能得到落实。

（2）应急预案的最终发布。应急预案在通过评审获得发布资格后，由最高行政负责人确定发布并备案。预案发布后，需着手将预案中的各工作项目落到实处，通过开展各项教育培训活动提高应急安全意识，将应急资源配置完全并实施定时的检查更新，建立大数据应急预案，不断实现对应急预案进行更加先进的动态管理与更新、改良。

三、应急预案的实质

根据《生产经营单位生产安全事故应急预案编制导则》（GB/T 29639—2020），应急预案可分为综合应急预案、专项应急预案和现场处置方案。

综合应急预案是整个应急预案系统的总体纲领，主要从总体上阐述事故的应急工作原则，包括应急组织机构及职责、应急预案体系、事故风险描述、预警及信息报告、应急响应、保障措施、应急预案管理等内容。专项应急预案是针对特定类型或特定领域、重大项目的潜在危险源而专门设置的，其内容主要包括事故风险分析、应急指挥机构及职责、处置程序和措施等。现场处置方案是应急处置方案的一种，其主要处置措施是根据具体的环境和设施制定的，包括对事故潜在风险的评估、对应急工作职责范围的限定、对应急处置相关注意事项的总结。在水利工程建设中，现场处置方案应由了解本行业且从事本项工作的从业人员制定，综合风险评估、岗位操作和危险控制等各方面进行考量。

要加大力度推进应急预案体系化、现代化，精准制定应对各类潜在事故、潜在危险源的处置方案，并细化责任到人，做到对事故发展的所有阶段点对点负责。水利工程建设项目应根据现场情况，详细分析现场具体风险（如某处易发生滑坡事故），编辑和制定现场处理的方式。此类方案需要由施工企业负责制定，由监理单位进行审查，最后由项目民事负责人备案；分析工程现场的风险类型（如人员伤亡），编写专项应急预案，该预案由监理单位与项目法人起草，由相关领导审核，向各施工企业发布；综合分析现场风险、应急活动、应急措施和保障等基本程序和条件，制定综合应急预案，应急预案应由项目法人编写，由项目法人领导审批，向监理单位、施工企业发布。

由于综合应急预案是综述性文件，因此需要要素全面。而专项应急预案和现场处置方案重点在于制定具体救援措施，因此对于单位概况等基本要素不作内容要求。

综合应急预案、专项应急预案和现场处置方案内容分别见表7-1至表7-3。

表7-1 综合应急预案基本内容

目录	内容
总则	编制目的、编制依据、适用范围、应急预案体系、工作准则
事故风险评估	
应急组织机构及职责	应急组织机构、应急组织机构相关职责
事故预警及信息报告	事故预警及信息报告

表7-1（续）

目录	内容
事故应急响应	响应分级、响应程序、处置措施、应急结束
事故信息公开	
事故后期处置	
安全保障措施	通信与信息保障、应急队伍保障、物资装备保障、其他保障
应急预案管理	应急预案培训、应急预案演练、应急预案修订、应急预案备案、应急预案实施

表 7-2 专项应急预案基本内容

目录	内容
事故风险评估	编制目的、编制依据、适用范围、应急预案体系、工作准则
应急工作职责	
应急处置程序	事故报告、应急响应程序
应急处置措施	

表 7-3 现场处理方案基本内容

目录	内容
事故风险评估	编制目的、编制依据、适用范围、应急预案体系、工作原则
应急工作职责	
应急处置程序	事故应急处置程序、现场应急处置措施、事故报告
注意事项	

四、应急预案制定的具体过程

应急预案的编写与制定应参考《生产经营单位生产安全事故应急预案编制导则》（GB/T 29639—2020），其过程大致可分为六个步骤。

（一）成立预案编制工作组

水利工程建设参建各方须将应急预案的制定与实际情况相结合，组建应急预案编制工作组，将主要负责人设立为组长，制定任务和分工，设立目标和计划，监督和管理任务的开展，编制应急预案需要安全、工程技术、组织管理、医疗急救等各方面的知识，因此应急预案编制工作组由各方面的专业人员或专家、预案制定和实施过程中所涉及或受影响的部门负责人及具体执行人员组成。必要时，编制工作组也可以邀请地方政府相关部门人员、水行政主管部门人员或流域管理机构代表作为成员。

（二）收集相关资料

收集编制应急预案所需的各种资料是一项非常重要的基础工作。相关资料的多少、资料内容的详细程度和资料的可靠性直接关系到应急预案编制工作能否顺利进行，以及能否编制出质量较高的事故应急预案。

一般需要收集以下资料。

（1）适用的法律法规和标准。

（2）本水利工程建设项目与国内外同类工程建设项目的事故资料及事故案例分析。

（3）施工区域布局，工艺流程布置，主要装置、设备、设施布置，施工区域主要建（构）筑物布置等。

（4）原材料、中间体、中间和最终产品的理化性质及危险特性。

（5）施工区域周边情况及地理、地质、水文、自然灾害、气象资料。

（6）事故应急所需的各种资源情况。

（7）同类工程建设项目的应急预案。

（8）政府的相关应急预案。

（9）其他相关资料。

（三）风险评估

风险评估是编制应急预案的关键，所有应急预案都建立在风险评估的基础之上。水利工程的风险评估要建立在分析危险产生的要素、危险源存在的概率，以及排查和治理事故安全隐患的基础上，指出项目工程中事故可能造成的各项后果，形成完整的报告，作为应急预案最终的依据。

（四）应急水平评估

对应急的整体水平进行评估，也就是评估应急救援过程中资源的准备能力和人员的操作能力。应急水平评估能够确定应急救援存在哪些问题，为应急预案的完善提供现实的支持。

水利工程要切实关注项目存在的安全问题的需要，实事求是地评估工程的应急装备、应急队伍等应急能力。对于事故应急所需但本工程尚不具备的应急能力，应采取切实有效的措施予以弥补。

事故应急能力一般包括以下内容。

（1）应急人力资源（各级指挥员、应急专家等）。

（2）应急通信与信息能力。

（3）人员防护设备（呼吸器、防毒面具、防酸服、便携式一氧化碳报警器等）。

（4）消灭或控制事故发展的设备（消防器材等）。

（5）防止污染的设备、材料（中和剂等）。

（6）检测、监测设备。

（7）医疗救护机构与救护设备。

（8）应急运输与治安能力。

（9）其他应急能力。

（五）应急预案编制

在以上工作的基础上，针对水利工程建设项目可能发生的事故，按照有关规定和要求，充分借鉴国内外同行业事故应急工作经验，进行应急预案的编纂和制定。在编制应急预案的过程中，编制人员的岗前培训和从业期间的参与度是非常值得注意的关键点，从业人员各具不同的专业优势，在应急预案的编制中要及时将风险评估和应急能力评估结果、应急预案大框架、应急行动中需要重点进行的部分，以及应急衔接、联系要素等告知编制人员。同时，应急预案应充分考虑和利用社会应急资源，与各级地方政府、各流域管理部门、水利行政主管部门等相关单位进行应急预案的衔接工作。

（六）应急预案的评价审核机制

《生产经营单位生产安全事故应急预案编制导则》（GB/T 29639—2020）、《生产安全事故应急预案管理办法》（国家安监总局令第 17 号）等对应急预案的评审提出了相应要求，即应急预案编制完成后，应进行评审或者论证。内外部评审均由本单位组织：内部评审由单位负责人员和相关部门人员协同进行；外部评审由单位负责人邀请有关专业人士进行，可邀请政府相关部门的人员、水行政主管部门或流域管理机构有关人员参加。应急评审合格后，由本单位主要负责人签署发布，并按照规定报有关部门备案。

水利工程建设项目应参照《生产经营单位生产安全事故应急预案评审指南（试行）》（安监总厅应急〔2009〕73 号）针对应急预案组织评审。指南给出了评审方法、评审程序和评审要点，附有应急预案形式评审表、综合应急预案、专项应急预案、现场处置方案和应急预案附件五个评审表附件。

1. 评审方式

应急预案的评审分别针对形式和要素两方面进行，评审分为符合、基本符合、不符合三种判定标准。对于除完全符合以外的项目，需要评审机构指出问题所在并提供建设性的建议。

（1）形式评审。以国家相关部门的规定为准绳，对应急预案编制的结构、内容、语言和制定过程分别进行审查。重点在于应急预案需要兼具内容工整、格式规范的特点。

（2）要素评审。按照法律法规，从符合性、适用性、整体性、目的性、真理性、标准性和连接性对应急预案进行多方面、多角度的评审。要素包括关键要素和一般要素。为使评审机制更加完善，可通过表格的方式分别评审应急预案的不同要素。在应急预案评定与审核时，将应急预案的要素内容与评审内容及要求一一对应，进行细致分析，判断是否按照规范进行，若未按规范制定预案，则要求修改。

应急预案要素中的关键要素即构成应急预案最核心、最不可或缺的部分，涉及水利工程建设项目在参与建设常规应急管理及应急救援时的重要步骤，如应急预案中提到的潜在危险源与风险评估、组织应急管理的机构及其相关职能、信息的流通与处理方式、应急响应程序与应急安全处置等要素。

一般要素是指构成应急预案的要素中次重点的部分，一般可以较简略。这些要素与参建各方常规应急管理及应急救援并不是息息相关的，它们是构成应急预案最基本的因素。应急预案编制的目的和依据、适用范围和原则、编制单位的具体情况等都属于一般要素。

2. 评审流程

广泛采纳各方的意见，通过举行会议的方式对预案是否存在问题进行审核。具体事宜根据应急预案设计安全问题的重大程度而定。

（1）准备工作。应急预案评审前需要提前做好如下几点。

第一，成立专门的评审组，确定参加评审的具体单位和相关人员。

第二，将具体评审时间发放给与会人员，确保通知到位。

第三，将会议需评审的应急预案在评审开始前提供给参与评审的人员过目。

（2）进行评审。建议按照下列程序进行评审。

第一，介绍应急预案评审人员构成，推选会议评审组组长。

第二，应急预案编制方向评审人员介绍应急预案编制的具体情况。

第三，评审人员开展针对应急预案的讨论，并提出完善应急预案的意见。

第四，应急预案评审组通过对会议结果的研究和讨论，给出最终的会议评审意见。

第五，讨论应急预案是否通过，相关与会人员签字。

（3）归纳总结。评审组组长负责对各单位评审员的意见和建议进行归纳总结，得出决定预案评审结果的最终意见。遵循评审结果，对应急预案现存的不足之处，特别是不合格的款项进行重新研究，并进行修改和进一步完善。得到反馈意见要求重新审查的，应按照规范重新进行审核。

3. 应急预案评审的重要因素

应急预案评审包括下列内容。

（1）符合性：应急预案的内容是否符合有关法律法规、标准和规范的要求。

（2）适用性：应急预案的内容及要求是否符合单位实际情况。

（3）整体性：应急预案的要素是否能够构成一个完整且连贯的整体。

（4）目的性：应急预案是否旨在面向事故种类、重大危险源、重要职位等问题。

（5）真理性：应急预案的组织和预防系统、信息报送和响应程序及处置方案能否保证正确。

（6）标准性：应急预案的结构、内容和语言等是否简洁且通俗易懂，是否便于作业人员理解。

（7）连接性：各项预案是否能按顺序比较顺利地连通。

五、应急预案管理

（一）应急预案备案

依照《生产安全事故应急预案管理办法》（国家安监总局令第 17 号），对已报批准的应急预案备案。

中央管理的企业综合应急预案和专项应急预案，报国务院国有资产监督管理部门、国务院安全生产监督管理部门和国务院有关主管部门备案；工程所属单位或企业的应急预案要分别抄送所在地省、市、区的政府安全生产监理部门和相关主管部门进行备案。

水利工程建设项目参建各方若申请备案，须提交以下应急预案相关材料。

（1）备案申请表。

（2）相关评审或者论证意见。

（3）留存好的文件及电子文档。

相关安全生产监理部门、主管部门应当对所受理备案的应急预案形式开展审查。审查通过的予以备案，并提供应急预案备案登记表；未通过的，不予备案，说明原因并要求整改。

（二）应急预案的宣传与培训

应急预案宣传与培训工作是保证预案贯彻实施的重要手段，是增强参建人员应急意识、提高事故防范能力的重要途径。

水利工程建设参建各方应采取不同方式开展安全生产应急管理知识和应急预案的宣传与培训工作。对本单位负责应急管理工作的人员及专职或兼职应急救援人员进行相应知识和专业技能培训，同时加强对安全生产关键责任岗位员工的应急培训，使其掌握生产安全事故的紧急处置方法，增强自救互救和第一时间处理问题的能力。确保所有作业相关人员面临紧急情况都具备一定的应急技能，对本单位应急预案有较高的熟悉程度，掌握自身岗位预防事故与事故发生时的处置方法和应急程序，做到对应急方案了然于胸。

（三）应急预案演练

应急预案演练是应急管理的必要环节。应急预案演练能够检验应急预案是否合理可行，了解应急反应准备的现状；发现应急预案不完善的地方，使应急工作机制更加健全，提高应急反应能力；可以提高应急队伍的作战能力和操作技能；可以教育参建人员，增强危机意识，提高安全生产工作的自觉性。为此，预案管理和相关规章中都应有对应急预案演练的要求。

（四）应急预案修订与更新

应急预案必须与工程规模、机构设置、人员安排、危险等级、管理效率及应急资源等状况相一致。随着时间的推移，应急预案中包含的信息可能会发生变化。因此，为了不断完善和改进应急预案并保证预案的时效性，水利工程建设参建各方应根据本单位实际情况，及时对应急预案进行更新和改良。

根据以下可能发生的情况对应急预案进行修订。

（1）常规的应急管理中存在的应急预案缺陷。

（2）在预演过程中发现的应急预案缺陷。

（3）在实际应急过程中发现的应急预案缺陷。

（4）组织机构发生变化。

（5）原材料、生产工艺的危险性发生变化。

（6）施工区域范围变动。

（7）工程布局、消防设备存在变动。

（8）人员构成和通信使用途径发生变化。

（9）国家法律法规更新改良。

（10）其他。

正式修订应急预案之前需要对其进行评估，借此确定是否需要进行修订，以及哪些内容需要修订。对应急预案的更新与修订，可以保证应急预案的持续适应性。同时，更新的应急预案内容应通过有关负责人认可，并及时通告相关单位、部门和人员；修订的预案版本应经过相应的审批程序，并及时发布和备案。

第八章　水利工程建设项目合同管理

第一节　项目合同管理概述

项目合同管理是一种较成体系的管理方法。在实施建设工程项目时，需要做到把建设项目作为实施对象，把项目合同目标的完成作为目的，快速、科学地完成对项目合同的规划、组织、指导和把控。

通过建设工程项目招标和投标，项目法人（也称发包人或业主）选择了项目承包人。首先发包人要与承包者签订协议书，其次在合同规定的期限里，监理人通知什么时候开工，这时承包人可进入施工场所做一些前期准备工作。在此之后，就进入了建设工程项目合同的管理阶段。工程项目的合同管理在实施建设工程时起到了十分重要的作用，它注重项目实施过程中的成本控制、质量把控和工期长短，争取经济效益和社会效益的最优结果。

发包人为了达到合同目的，通过监理人具体实施合同管理工作。在发包人的监督之下和授权范围内，监理人以项目合同为准则，协调合同双方的权利、义务、风险和责任，以及对承包人的工作和生产进行监督和管理。在监理人的监督之下，承包人按照项目合同的各项规定，对合同规定范围内的工程设计（如合同中有此项任务的话）、施工、竣工、修补缺陷和所有现场作业、施工方法、安全承担全部责任。

2000 年国家工商总局、水利部、国家电力公司发布的《水利水电土建工程施工合同条件》（GF—2000—0208）是目前大中型水利水电工程建设项目采用的施工合同条件范本。本章将根据该合同条件，探讨水利工程建设项目的合同管理。

一、我国工程项目合同管理的发展

我国建设工程项目合同管理是在 1983 年云南鲁布革水电站的发电引水系统利用世界银行贷款进行国际招标投标和项目实施的过程中开始的，至今已有 40 年的历史。在此期间，我国在基本建设领域全方位实施项目法人责任制、建设监理制、招标投标制和合同管理制，项目合同管理工作逐渐达到规范化和制度化，有利于更好地应对国际间的竞争和挑战，取得了较为良好的经济效益和社会效益。

二、合同文件与合同管理的依据

（一）合同文件的构成

合同文件通常包括以下几部分内容。

① 招标规定。② 合同条件（通用条件和专用条件）。③ 技术规范。④ 图纸。⑤ 合同协议书、投标函及附件。⑥ 投标文件和有报价的工程量清单。⑦ 招标文件的修改和补遗。⑧ 其他，其中包含招标、投标、评标，以及合同执行过程中的往来信函、会议纪要、备忘录和书面答复、补充协议、监理人的各种指令与变更等。

（二）合同文件解释的优先次序

构成合同的所有文件是互相说明和补充的，前后合同条款的含义应一致，由于各种原因合同条款之间出现含糊、歧义或矛盾时，通用条款中规定由监理人作出解释。为减少合同双方所承担的风险，专用条款有具体标注合同解释的先后顺序。依照通常标准，解释先后顺序如下。

① 合同协议书（包括补充协议）。② 中标通知书。③ 投标报价书。④ 专用合同条款。⑤ 通用合同条款。⑥ 技术条款。⑦ 图纸。⑧ 已标价的工程量清单。⑨ 构成合同一部分的其他文件（包括承包人的投标文件）。

（三）合同管理的依据

① 国家和主管部门颁发的有关合同、劳动保护、环境保护、生产安全和经济等的法律法规和规定。② 国家和主管部门颁发的技术标准、设计标准、质量标准和施工操作规程等。③ 上级有关部门批准的建设文件和设计文件。④ 依法签订的合同文件。⑤ 发包人向监理人授权的文件。⑥ 经监理人审定后颁发的设计文件、施工图纸及有关工程资料，监理人发出的书面通知及经发包人批准的重大设计变更文件等。⑦ 发包人、监理人和承包人之间的信函、通知或会议纪要，以及发包人和监理人的各种指令。

第二节　监理人在合同管理中的作用和任务

工程承包合同是发包人和承包人之间为达到某种特定的工程目的而签订的协议，协议对双方的权利和义务关系的确立、变更和终止进行了明确规定。合同按照法律成立之后，便拥有了法律效力。所以，合同双方需要尽力履行合同中的规定，并按照合同中写明的标准原则来指导和约束己方行为。监理人虽然不是合同一方，但发包人为实现合同中确立的目的，选择监理单位协调双方关系，以及对承包人的工作和生产进行监督和管理。所以，我国的建设监理属于国际上业主方项目管理的范畴。

按照《水利工程建设监理规定》和《水利水电土建工程施工合同条件》编制的施工合同条件，以及工程实践经验，监理人在合同管理中所起的作用和所要完成的任务如下。

一、监理人的作用

发包人和承包人签订工程承包合同是基于一个共识，即发包人想要承包人能高效、高质量、价格优惠地圆满完成工程并交付给自己。与此同时，承包人希望在规定时间和要求内，保质保量地完成工程后，能够获得对方付给的合理收益。因此，基于双方各自的目的，两方都希望可以与对方良好配合，从而最大限度地降低和减少工程延期或者失误的风险和问题，从而有条不紊、保质保量地在规定期限内完成合同约定的"最终产品"。同时，要有一个具备良好的协调能力、办事公平的监理人机构来辅助合同双方履行合约。由此可知，监理人在合同履行的过程中具有举足轻重的作用。其作用表现在：在授权范围之内，按照合同要求监督合同双方合法地行使权利与承担义务。监理人在协调合同双方关系、平衡合同双方承担的权利与义务方面具体可以起到下述几种作用。

（一）降低承包人投标报价的总体水平

长期从事工程建设的承包人的观点：合同由发包人一手管理，在很大程度上会提高工程建设的风险。承包人不能确信发包人会公平合理地考虑承包人的利益，尤其在变更、索赔、违反合同规定或违约、双方产生矛盾时，承包人不能保证自己可以获得合理的补偿。所以，经验丰富的承包人会在投标开始前便评估施工过程中可能遇到的各种风险，并将可能无法收回的风险基金大致估算出来写入投标报价中，以便能够获得可观利润。如果有充分授权的监理人或争端裁决委员会，能公平合理地处理责任和风险，承包人将会在投标报价中降低备用的风险基金，从而降低合同报价。

（二）有利于解决争端，化解矛盾

在合同履行阶段，如果承包人和发包人一上来就商议处理敏感问题，比如项目工期的长短、各项费用开支等，很容易出现双方僵持甚至爆发冲突的场面，不利于协商的顺利进行。在这种情况下，监理人作为中间人，可以协调和解决矛盾，使合同得以顺利执行。

（三）有利于减轻发包人的管理负担

如果发包人直接对承包人的工作和生产施工进行监督和管理，就必须在施工现场组建庞大的管理机构和配置各种有经验的专业管理人员，这会大大增加发包人的管理成本。同时，发包人要做很具体的合同管理工作，必然会分散精力，影响发包人主要任务（筹集资金、创造良好的施工环境和经营管理）的完成。监理人的出现大大缓解了这种局面。

（四）有效使用标准的合同条款

我国各部委编制的各种合同标准范本，都是针对有监理人，且其可以对施工过程进行监督而制定的。因此，这些范本只有在监理人被任命且具备充分授权的情况下才能生效。在此情况下，合同双方的要求及利益和责任及风险可以被合理、公正地评估，能够最大限度地避免合同双方因不信任对方而发生争端，如双方没有完全履行合同约定或者施工成本上涨等。

二、监理人的任务

我国在《水利工程建设监理规定》（水利部令第 28 号）中对监理单位在工程质量、进度、投资及安全管理方面做出了具体的规定。

第十四条　监理单位应当按照监理合同，组织设计单位等进行现场设计交底，核查并签发施工图。未经总监理工程师签字的施工图不得用于施工。

监理单位不得修改工程设计文件。

第十五条　监理单位应当按照监理规范的要求，采取旁站、巡视、跟踪检测和平行检测等方式实施监理，发现问题应当及时纠正、报告。

监理单位不得与项目法人或者被监理单位串通，弄虚作假、降低工程或者设备质量。

监理人员不得将质量检测或者检验不合格的建设工程、建筑材料、建筑构配件和设备按照合格签字。

未经监理工程师签字，建筑材料、建筑构配件和设备不得在工程上使用或者安装，不得进行下一道工序的施工。

第十六条　监理单位应当协助项目法人编制控制性总进度计划，审查被监理单位编制的施工组织设计和进度计划，并督促被监理单位实施。

第十七条　监理单位应当协助项目法人编制付款计划，审查被监理单位提交的资金流计划，按照合同约定核定工程量，签发付款凭证。

未经总监理工程师签字，项目法人不得支付工程款。

第十八条　监理单位应当审查被监理单位提出的安全技术措施、专项施工方案和环境保护措施是否符合工程建设强制性标准和环境保护要求，并监督实施。

监理单位在实施监理过程中，发现存在安全事故隐患的，应当要求被监理单位整改；情况严重的，应当要求被监理单位暂时停止施工，并及时报告项目法人。被监理单位拒不整改或者不停止施工的，监理单位应当及时向有关水行政主管部门或者流域管理机构报告。

在合同管理中，监理人应按照工程承包合同，履行自己的职责。水利部、国家电力公司、国家工商行政管理局联合编制的《水利水电土建工程施工合同条件》，对监理人的职责和任务作出了规定。

（1）负责施工条件的供给。准备好承包者所需要的进场条件及施工条件；准备好水文和地质等方面的原始资料、准备好测量三角网点资料、准备好施工图纸还有相关规范及规则标准。

（2）将不同指示发布给承包者。对于承包人的所有指令，均由监理人签发，主要包括签发工程开工、停工、复工指令，签发工程变更指令、工程移交证书和保修责任终止证书。

（3）工程质量管理。检查承包人质量保证体系和质量保证措施的建立与落实，按照合同规定的标准检查和检验工程材料、工程设备和工艺，对承包人实施合同内容的全部工作质量和工程质量进行全过程监督检查，主持或参与合同项目验收。

（4）工程进度管理。对承包人提交的施工组织设计和施工措施计划进行审批并监督落实，对承包人的工期延误进行处理等。

（5）计量与支付。对已完成工作进行计量和核对，审核月进度付款；向发包人提交竣工和最终付款证书等。

（6）处理工程变更与索赔。

（7）协助发包人进行安全文明施工管理。

第三节　施工准备阶段的合同管理

一、提供施工条件

（一）为承包人提供进场条件

对合同规定的（招标文件写明的，并作为投标人投标报价的条件）由发包人通过监理人提供给承包人的进场条件，以及有关的施工准备工作，包括对道路、供电、供水、通信、必要的房屋和设施、施工征地及现场场地规划等进行落实。

（二）提供施工技术文件

（1）在约定期限内向承包人提供施工图纸，并且要按照工程建设的实际情况向承包人提供设计变更通知和图纸。在向承包人提供图纸前，监理人应进行如下审查。

第一，以招标阶段的招标图纸和技术质量标准为准，核定合同实施阶段的施工图纸和技术质量标准是否有变化，如有就可能是变更。

第二，勘察设计单位所提交的施工详图，经监理人核定，承包人现有的或即将进场的施工设备和其他手段是否能实现该图纸的要求。

第三，核定施工图纸是否有错误。如剖面图是否有错误，各详图总尺寸与分尺寸是否准确、一致等。

无论施工图纸是否经过监理人审查或批准，都不解除设计人员的直接责任。

（2）按照合同要求向承包人提供各种材料、技术方面和施工方面的规范及标准。

（3）负责供给必须且精准的地质勘探、水文和气象等参考资料，以及测量基准点、基准线和水准点的有关资料。

二、检查承包人施工准备情况

（一）核查承包人员、施工设备、材料和工程设备等

（1）检验驻扎在施工现场的主要负责人员的资历、经验和管理水平等方面能否达到投标文件的管理人员要求。假如现场人员的实际能力和文件上的要求有所差异，应该根据相关证件及资料标准重新考核并评定该人员是否可以胜任此项管理工作。如果经考核确实无法胜任，可要求承包人更换人选。

（2）检验施工设备的种类、数量和规格等方面的能力能否达到投标文件标准。如果不能达到，应按照相关资料重新考核评定，评定后决定是否要求承包人更换设备或增加设备数量。

（3）检验施工现场的物资种类、数量、规格、质量和储存环境等方面能否达到合同约定的标准。如果不能达到，则这些物资将不能用于施工过程。

（二）检查承包人的技术准备情况

（1）对承包人提交的工程施工组织设计、施工措施计划和承包人负责的施工图纸进行审批。

（2）对承包人施工前的测量资料、试验指标等进行审核，包括原始地形测量、混凝土配合比、土石填筑的碾压遍数、填筑料的含水量等。

第四节　施工期的合同管理

施工期是合同管理的关键环节，也是合同管理的核心。本节主要从工程进度、质量等方面进行叙述。

一、工程进度管理

工程进度控制作为项目合同管理的重要因素，在合同发挥效力的过程中，起到了十分重要的作用。在工程建设中，承包人负责工程进度的编制和实施部分，发包人负责工程进度的控制和管理部分，而控制工作常常由发包人授权的监理人承担。监理人在授权范围内需要负责的主要工作有：审查承包人的施工进度计划，协调控制项目开工、停工、复工和误期的时间，全过程监督施工进度；保证合同双方按照合同规定严格执行主要业务职责。

（一）工程控制性工期和总工期的制定

大中型水利工程的控制性工期和总工期，就是项目的合理工期，在项目实施的第一阶段中被多次检验。合理工期和资金使用计划是预先申请并被相关部门批准的，没有特殊情况发生时，时间和金额不能变动。这在招标文件中也有所标注，投标人投标应遵从

此项要求。同时，监理人作为发包人的代表对项目进行管理监督，也是投标人应该注意并遵守的条件。

（二）承包人施工进度计划的制定和审批

投标文件中需要包含一份初步施工进度计划方案及施工方法说明，内容主要包括施工需要的各种设备，建筑材料的使用及加工计划、劳务状况、施工资金使用计划等。同时，中标者在签订合同后，要根据发包人的要求，重新列一份准确的施工进度计划并上交，因为投标时所列的计划较为简略且与实际施工条件有差距，因此很可能不完全符合施工期的实际需求。在经过监理人审核和同意后，承包人可以按照计划进行施工。监理人对施工进度计划进行审核的依据主要有以下三个方面。

（1）承包人的投标文件中呈报的初步施工进度计划和施工方法说明。

（2）招标文件规定的工程控制性工期和总工期。

（3）发包人和主管部门批准的各年、季度或月的工程进度计划和投资计划。

承包人应编写并实施施工进度计划，然后将计划提交给监理人审核。经监理人同意后，再按照计划实施工程。

（三）工程进度控制

工程进度日常控制的具体工作程序如下。

1. 工程开工

（1）开工准备。监理人应按照合同文件规定的时间（一般为14天），向承包人发出开工通知，以开工通知中明确的开工日期（一般为开工通知发出后的第7天）为准，按照天数（包括节假日）计算合同总工期。承包人接到开工通知后，按合同要求进入工程地点，并按照发包人指定的场地和范围进行施工准备工作。

（2）主体工程开工。在承包人完成施工准备工作后、进行主体工程施工前，监理人须组织有关人员进行检查和核实。当具备主体工程开工条件时，监理人发布主体工程开工通知。核查施工准备工作的主要内容如下。

第一，检查附属设施、质量安全措施、施工设备和机具、劳动组织和施工人员技能等是否满足施工要求。

第二，检查建筑材料的品种、性能、合格证明、储存数量、现场复查成果和报告等是否满足设计和技术标准的要求。

第三，检查试验人员和设备能否满足施工质量测试、控制和鉴定的需要。

第四，检查工程测量人员和测量设备能否满足施工需要，复核工程定位放线的控制网点是否达到工程精度要求。

2. 停工、复工和误期

（1）不属于发包人或监理人的责任，且承包人可以预见的原因引起的停工。包含以下内容。

第一，合同文件有规定。

第二，由承包人违约或违反合同规定引起的停工。

第三，由现场天气条件导致的必要停工。

第四，为保障工程安全或其任何部分安全的且必要的停工（不包括由发包人承担的任何风险所引起的暂时停工）。

由于上述原因，监理人有权下达停工指令，承包人应按照监理人认为必要的时间和方式停止整个工程或任何部分工程的施工。停工期间，承包人应对工程进行必要的维护和安全保障。待停工原因由承包人妥善处理后，经监理人下达复工指示，承包人方可复工。停工所造成的工期延长，承包人应采取补救措施。产生的额外费用，均由承包人自行承担。

（2）属于发包人的责任，且由有经验的承包人无法预见并进行合理防范的风险引起的停工。如以下内容。

第一，异常恶劣的气候条件。

第二，除现场天气条件以外的不利的自然障碍或外部条件。

第三，由发包人或监理人失误而造成的工程延误、干扰或阻碍。

第四，因工程设计和工程合同的变更，而产生额外的工作或附加工作，其工作量大（变化比例在招标文件的《合同专用条款》中明确，一般设定为使合同价增加15%）或工作性质改变。

第五，除承包人不履行合同或违约外，其他可能发生的特殊情况，以及发包人为规避风险而引起的工程损害和延误。

若出现上述情况，承包人或监理人应该做好意外情况记录，并且允许承包人适当延长工期或者给予承包人适当的费用补偿。且承包人需要在意外事件发生后的规定时间内（通常为28天）通知发包人并递交一份通知书和一份最终详情报告给发包人，并写明详细的补偿要求。监理人收到上述报告后，应尽快开展调查并与承包人协商处理延期和补偿事项。

（3）复工和误期。当发生停工和误期时，如果监理人没有下达停工指令，承包人有责任使损失降到最低，并应尽快采取措施，及早复工生产；如果监理人下达了停工指令，承包人已对工程进行必要的维护和安全保障，自停工之日起，在一定的时间内（一般情况为56天），监理人仍未发布复工通知，承包人有权向监理人递交通知要求复工。监理人收到此通知以后在一定时间内（一般情况为28天），应发出复工通知。如果由于某种原因仍未发出复工通知，则承包人可认为停工的这部分工程已被发包人取消，或者当此项停工影响整个合同工程时，承包人可采取降低施工速度的措施，或暂时停工，将此项停工视为发包人违约，并且承包人有终止被发包人雇佣的权利，由此给承包人造成的经济损失，承包人有进一步向发包人索赔的权利。

3. 承包人修订的施工进度计划的审核

大中型水利工程涉及的技术较为复杂，受自然环境条件影响大，所以在施工过程中常常会无法避免地修改进度计划。需要修订计划的情况通常有以下三种。

（1）施工进度计划虽然经过了监理人的同意，但无法与实际工程进度相匹配，需要修订。这种情况并非发包人或者承包人的过错，而是出于实际情况的需要。通常，施工进度计划会根据合同规定的控制性工期和总工期进行修订，修订间隔时间一般在3个月左右。而控制性工期和总工期的改变需要承包人与发包人协商。通常需要承包人先提交申请，然后发包人审批。如果审批通过，则可以按照修订计划实施。

（2）因发包人一方的责任造成工期延误，发包人需为承包方延长一定的工期。在此情况下，承包人需要提交给监理人新的修订计划，若监理人审核通过，则按照修订计划进行施工。

（3）在实际施工过程中，如果承包人的实际进度落后于合同约定标准或者无法达到发包人的预期标准，监理人有权要求承包人重新制订并提交一份新的修订施工进度计划。此计划应对原计划作出改进，并写明拟采取的赶工措施，从而保证施工项目按期完成。在此情况下，承包人无权索要赶工的补偿，因为这是承包方的责任。此外，如果承包人的施工进度严重落后于发包人的标准，并且承包人一方无视监理人对于施工进度慢而做出的书面指示或警告，未在规定期限内（通常为28天）提交新的修订计划和补救措施，那么可以看作承包人有违约行为，此时发包人可根据实际情况决定是否终止与承包人的合作。如果发包人决定终止合作，那么下一步将开始核算各项费用，并且准备新的承包人进场施工的条件，从而保障项目的完成。

（四）工程进度管理应注意的问题

1. 工程总工期的问题

一般情况下，工程总工期应该是在工程初步设计的施工组织设计基础上，通过工程施工规划论证制定的。这样确定的总工期是经济合理的。但如果招标工作中招标人随意缩短总工期，在合同实施过程中，发包人就会面临以下两种可能的风险。

（1）由于投标报价低，工期紧，为了赶工期，承包人不得不对工程做较大的投入，从而增加成本。这时，承包人可能会因此偷工减料，严重影响工程质量，威胁工程安全。

（2）为赶工期增加投入，承包人加大了工程成本，造成企业亏损，被迫降低施工速度，甚至被迫停工。这样会延长工程总工期，结果适得其反。

2. 发包人义务的履行

发包人是否如约履行合同文件中规定的义务，是衡量工程进度的重要条件，也是决定发包人是否会向承包人索要工期赔偿的重要条件。因此，监理人需要时时监督和提醒承包人按约履行义务。需要提醒的内容包括施工场地、场所、水电和通信等方面的供给，施工设计，工程款项的按期支付，与本地周边居民及地方政府间的关系协调等。

3. 施工进度的考核

监理人的主要工作内容是考核承包人的施工进度能否达到合同规定的要求。施工进度的考核标准是不断变化的，但不变的是承包人在各阶段的施工进度计划必须和发包人进行协商，须经发包人或者监理人审核同意。当在施工过程中发现实际进度与计划进度有差距时，监理人需要立刻查明原因、划分责任，确定修订计划和补救措施，从而保证工程在规定时间内顺利完成。

4. 发包人干预承包人的施工

承包人对整个施工项目负总的全部的责任，承包人需要保证整个施工项目安全、按时完成。发包人对于承包人所有的权利和义务都无权干涉，如果不顾原则强行干涉，有可能会导致工程延期，此时发包人需要向承包人支付一定的经济补偿。因此，发包人对于项目建设的指挥属于对合同规定的严重违约行为。发包人的职责是以合约为原则，以协商代替干预，保障工程建设的各项条件，协调各方关系，从而为顺利完成工程项目建设服务。

5. 延期事件的处理

延期事件属于工程建设过程中的常发事件，产生的原因复杂多样，常常涉及多方责任。所以，在解决延期事件时，首先要做到"实事求是地调查"，通过施工日志等各项纪录明确责任，及时进行协调和疏导，按照程序妥善处理，把引发事件的因素消灭在萌芽状态，使合同双方的损失最小，并及时改善施工条件，否则会使事态扩大，严重影响工程顺利实施，给处理延期事件带来困难。

二、现场作业和施工方法的监督与管理

（一）审查承包人的施工技术措施

承包人在进场后一定时间内，必须对单位工程、分部工程进行具体的施工组织设计，并经监理人审批。主要包括以下内容。

1. 工程范围

说明本合同工程的工作范围。

2. 施工方法

施工方法包括现场所使用的机械设备名称、型号、性能及数量；负责该项施工的技术人员的人数；各种机械设备操作人员和各工种的技术工人人数，以及从事一般劳动的工人数；辅助设施；照明、供电、供水系统的配置，以及各种临时性设施。

3. 材料供应

说明对材料的技术质量要求、材料来源、材料的检验方法和检验标准。

4. 检查施工操作

（1）检查施工准备工作，如测量网点复测和设置、基础处理及施工设施和设备的布置等的准备工作。

（2）说明每个施工工序的操作方法和技术要求。如混凝土工程模板的架立和支撑，预埋件的埋设和固定，混凝土材料的加工和储存，混凝土的拌和、运输与浇筑，混凝土

的养护等，均需说明具体的施工工艺要求、技术要求和注意事项。

5. 质量保证的技术措施

承包人在工作程序中要说明，为了保证达到技术规范规定的技术质量要求和检验标准，将采取哪些技术保证措施。例如，在施工放样时，如何保证建筑物坐标位置的标准性、垂直度、坡度和几何尺寸的准确性，用什么技术措施保证混凝土浇筑的质量，或土方填筑的密实度等。

（二）监督、检查现场作业和施工方法

监理人的职责有：监督施工进度，检查现场作业、施工方法和工程质量，调查和收集施工作业资料，准确记录施工情况。值班记录包括施工方法、施工工序和现场作业的基本情况，出勤的施工人员工种、数量和工时，施工设备种类、型号、数量和运行台时，消耗材料的种类和数量，施工实际进度和效率、工程质量，以及施工中发生的各种问题和处理情况等（如停工、停电、停水、安全事故、施工干扰等）。这些基本信息在投资和质量及进度的控制方面具有重要作用，有利于合同的执行，有利于在发生争端、索赔或者仲裁时进行判别。但如果值班记录没有记录全面、精确或者出现漏记等情况，那么将无法在发生争端时帮助判别，这将使发包人陷入不利境地。正因为以上的情况常常在施工过程中发生，所以发包人十分注重施工监督这项工作，如果管理人员没有做到有效监督，那么将被看作失职。同时，为了保证管理和监督的连续性，监督管理人员不可流动性过大。

（三）核查承包人施工临时性设施

监理人应依照项目合同的规定和承包人提交的施工方法说明，对承包人的临时施工设施进行审核。临时设施主要包括以下内容。

（1）施工交通。包括场内外的临时道路、桥涵、交通隧洞和停车场。

（2）施工供电。包括施工区和生活区的输电线路、配电所及其全部配电装置和功率补偿装置。

（3）施工供水。包括施工区和生活区的供水系统。

（4）施工照明。包括所有施工作业区、办公区和生活区及道路、桥涵、交通隧道等的照明线路和照明设施。

（5）施工通信。

第一，项目施工场地内无通信设施时，承包人应在工程开工前与当地邮电部门协商、解决通向施工现场的通信线路和现场的邮电服务设施，并签订协议。

第二，承包人应负责设计、施工、采购、安装、管理和维修施工现场的内部通信服务设施。发包人和监理人有权使用承包人的内部通信设施。

（6）砂石料和土料开采加工系统，或采购运输。

第一，承包人需保证施工所需要的各种砂石料和土料的供给，同时要保证各种材料的加工及加工设备的采购、安装、调试、运行、管理和维修。

第二，必须按照施工总进度计划来准备所需的砂石料和土料，同时配置的开采加工设备要做到能够在材料加工需要的高峰期满足需求。

第三，承包人准备的全部砂石料和土料不仅要符合施工图纸的技术要求，还要符合每条专项技术条款规定的质量标准。

（7）混凝土生产系统。

第一，承包人应负责混凝土生产系统的设计和施工，包括混凝土骨料储存、拌和、运输，以及材料、设备和设施的采购、安装、调试、运行管理和维修等。

第二，混凝土生产必须满足混凝土的质量、品种、出机温度和浇筑强度等级要求。

第三，承包人负责混凝土制冷（热）系统的设计、制作，同时负责制冷（热）设备的采买、安装、调试运行和维护工作，以上工序均须达到施工图纸及技术条款中的温控要求。

（8）施工机械修配和加工厂。

第一，承包人应按照施工图纸的施工要求修建施工机械修配厂和加工厂，包括机械修配厂、预制混凝土构件加工厂、钢筋加工厂、木材加工厂和钢结构加工厂。

第二，承包人应负责上述加工厂的设计、施工及其各项设备和设施的采购、安装、调试、运行管理和维修。

（9）仓库和堆料场。

第一，承包人应负责工程施工所需的各项材料与设备仓库的设计、修建、管理和维护。

第二，储存炸药、雷管和油料等特殊材料的仓库应严格按监理人批准的地点进行布置和修建，并遵守国家有关安全规程的规定。

第三，各种露天堆放的砂石骨料、土料、弃渣料及其他材料应按施工总布置规划的场地进行布置设计，场地周围及场地内应做防洪、排水等保护措施，以防止冲刷和水土流失。

（10）临时房屋建筑和公用设施。

第一，除合同另有规定外，承包人应负责设计和修建施工期所需的全部临时房屋建筑和公用设施（包括职工宿舍、食堂、急救站和公共卫生等房屋建筑和设施，文化娱乐、体育场地和设施，治安等房屋建筑，消防设施等）。

第二，承包人应按照施工图纸和监理人的指示，负责上述临时房屋和公共设施的设备采购、安装、管理和维护。

三、工程质量控制

在项目合同实施阶段，保证项目施工质量是承包人的基本义务，而工程质量检查、工程验收检验是监理人进行合同管理的重要任务之一。监理人对原材料、工程设备和工艺等施工活动的全过程项目施工进行有效监督和控制。

（一）工程质量控制的依据

（1）合同文件，特别是发包人和承包人签订的工程施工合同中有关质量的合同条款。

（2）已批准的工程设计文件和施工图纸，以及相应的设计变更与修改通知。

（3）已批准的施工组织设计和确保工程质量的技术措施。

（4）合同中引用的国家和行业（或部颁）工程技术规范、标准、施工工艺规程、验收规范及国家强制性标准。

（5）合同引用的有关原材料、半成品、构配件方面的质量依据。

（6）制造厂提供的设备安装说明书和有关技术标准。

（二）工程质量检查的方法

（1）旁站检查。指监理人员对重要工序、重要部位、重要隐蔽的施工进行现场监督和检查，以便及时发现事故苗头，避免发生质量问题。

（2）测量和检测。对建筑物的几何尺寸和内部结构进行控制。

（3）试验。监理人为确认各种材料和工程部位内在品质所做的试验。

（4）审核有关技术文件、报告、报表。对质量文件、报告、报表的审核是监理人进行全面质量控制的重要手段。

（三）工程质量检查内容

1. 检查承包人在组织和制度上对质量管理工作的落实情况

监理人要监督、保证承包人建立完善的质量保证体系和质量管理规范，应在施工现场建立专门的、配备专业质检人员的质量检查机构。同时，承包人应在接到开工通知后的规定时限内，向监理人提交一份工程质量保证措施报告。报告内容包括质量检查机构的组织、岗位责任和人员组成、质量检查程序和实施细则等。

2. 审查施工方法和施工质量保证措施

审查承包人在工程施工期间提交的各单位工程和分部工程的施工方法和施工质量保证措施。

3. 对需要采购的材料与工程设备的检验和交货验收

承包人和监理人应一起对承包人采购的材料及设备进行核验和交货验收。验收合格后需要出具检验质量证明和产品合格证书。同时，承包人应对现场的材料及设备按照合约规定标准进行抽检测试。监理人按照其职责对原材料及设备进行交货验收，在此期间，承包人应当配合检查。监理人参加交货验收不解除承包人所承担的任何应负的责任。

发包人和承包人应该按照合约规定，在指定的交货地点对采买的材料及设备进行交货验收。验收时，承包人须根据监理人的指示对设备进行检验测试，并向监理人提供检验结果。若在设备安装完毕后发现缺陷，需要监理人和承包人共同查明原因，划分责任。若缺陷产生原因是设备制造不良，则责任由发包人承担；若缺陷产生原因是运输、保管或安装不良，则责任由承包人承担。若因建筑材料不合格造成工程质量事故，则责任由发包人承担。

4. 现场工艺试验

承包人应按照合同规定和监理人的指示进行现场工艺试验。如爆破试验（预裂爆破、光面爆破和控制爆破等）、各种灌浆试验、各种材料的碾压试验、混凝土配合比试验等。只有将试验成果交由监理人审核通过后，才能将各种工艺运用到施工过程中。在项目建设中，若监理人提出需要承包人进行额外的现场工艺试验，承包人需要遵照执行。

5. 工程观测设备的检查

观测设备的采购、运输、保存、滤定、安装、埋设、观测和维护，都必须经由监理人检查核验。必须在监理人在场时，才能对观测设备进行滤定、安装、埋设和观测。

6. 现场材料试验的监督和检查

监理人有权检查承包人在工地建立的实验室，包括实验设备和用品、试验人员数量和专业水平，核定其试验方法和程序等。承包人应按照合同规定和监理人的指令进行各项材料试验，并为监理人进行质量检查和检验提供必要的试验资料和成果。监理人在抽样试验中所使用的试件全部由承包人提供，若需用到实验设备和用品，承包人应协助提供。

7. 工程施工质量的检验

（1）施工测量。监理人应在合同规定的期限内，向承包人提供测量基准点、基准线、水准点及其书面资料。承包人应依上述基准点、基准线，以及国家测绘标准和本工程精度要求，布设施工控制网，并将资料报送监理人审批。待工程完工后将资料完好地移交给发包人。承包人应负责施工过程中的全部施工测量工作，包括地形测量、放样测量、断面测量、收方测量和验收测量等，承包人自行配置合格的人员、仪器、设备和其他物品。承包人在各项目施工测量前还应将所采取措施的报告报送监理人审批。监理人可以指示承包人在监理人监督下复测或联合进行抽样复测，当抽样复测有错误时，必须按照监理人指示进行修正或补测。监理人可以随时使用承包人的施工控制网，承包人应及时提供必要的协助。

（2）监理人有权对全部工程的所有部位及其任何一项工艺、材料和工程设备进行检查和检验，也可以随时提出要求，在制造地点、装配地点、储存地点、现场、合同规定的任何地点进行检查、测量和检验，以及查阅施工记录。承包人应提供通常需要的协助，包括劳务、电力、燃料、备用品、装置和仪器等。承包人也应按照监理人的指示，进行现场取样试验、工程复核测量和设备性能检测，提供试验样品、试验报告和测量成果，以及完成监理人要求进行的其他工作。监理人的检查和检验不解除承包人按照合同规定应负的责任。

（3）承包人必须核验好工程项目的每个环节，并将检查结果呈交给监理人备查，监理人对重点部分的核验、检查通过后，才能进行下一环节的施工建设。如果监理人对某一部分的检查结果有疑虑，可随时要求抽样检测，承包人须配合。如果抽样结果不符合合同约定的质量标准要求，必须返工处理，达到合格标准后，才能进行下一个环节的施工。

（4）如果需要按照合同进行必需的检查测试，监理人与承包人须协商好检查时间和地点，共同进行检查。如果监理人没有派出人员到场检查或者另有约定，承包人可以自行检查测试，之后将结果呈交给监理人核验。若监理人对于检测结果存在疑虑，可随时要求重新抽样检查。

若承包人没有按照规定在期限内进行自行检查，监理人有权要求承包人补做检查测试，承包人必须遵从此要求。如果监理人指示承包人对合同中未作规定的某项进行额外检查和检验，承包人也应遵照执行。若承包人未按照监理人指示完成上述检查和检验，监理人有权指派人员或委托其他有资质的检验机构和人员进行检查和检验，承包人不得拒绝，并应提供一切方便，也必须承认其检验结果。

8. 隐蔽工程和工程隐蔽部位的检查

（1）承包人在己方检查确认工程隐蔽部位已经具备覆盖条件后，应该于 24 小时之内告知监理人，让其进行检查。监理人到达现场后，如果按照合同规定的技术质量标准确认隐蔽部位已经符合覆盖要求，需要在检查记录上签字，之后承包人才能进行覆盖。如果监理人在承包人提出检查申请后无故不按约定时间到场检查，造成施工损失或者工期延误，承包人有权要求赔偿损失和延长工期。

（2）在监理人对覆盖部位进行检查并审批同意后，如果之后在施工过程中仍对质量问题有疑虑，依然可以再次要求承包人将已覆盖部位重新钻孔进行探测，或者揭开再次检验，承包人应遵从此要求。如果承包人在监理人检查之前私自将隐蔽部位覆盖起来，监理人亦可要求承包人重新揭开进行检测，承包人须遵从此要求。

9. 不合格工程、材料和工程设备的处理

（1）材料和工程设备如果不符合合同规定的质量等级标准和技术特性，是被禁止使用的。

（2）如果是承包人的原因，如违规使用不合格的材料、设备和工艺而对工程造成一定损害，承包人应该在监理人发出指令后，立即做出改正，调整措施予以补救，直到工程的不合格的设备、材料或者部位完全被清除。

（3）若承包人没有合理的拖延原因，或者违背上述指令，监理人可以视承包人违约，有权将此工程任务委托给其他承包人。承包人应该负违约责任。

四、合同项目变更

（一）变更的范围和内容

（1）对合同里所包括的工作量进行增减。

（2）（除了由业主或其他承包人实施的工作之外）可以省略某一项工作。

（3）对某一工作的性质、类别、工作质量等标准作出变更。

（4）改变工程中某一个部分的标准高度、基准线、位置及尺寸。

（5）对完成全部工程不可或缺的附加工作进行处理。

（6）对某一部分工程的已经规定好的施工顺序或者进度安排等作出改变。

（二）变更的处理原则

1. 处理工期变更的原则

在执行施工合同的过程中，如果不是由承包人的责任引起的工程关键项目的进度被拖后，造成工期延误，监理人应该和发包人及承包人协定后，由发包人延长合作规定的施工期限；如果是因为出现变更而导致工程关键项目的工作量减少，则由三方协议后，由发包人将项目的施工期限提前。

2. 处理价格变更的原则

（1）在衡量项目单价时，如果合同的工程量清单中有项目和将要变更工作的工程项目类似时，应该采用工程量清单中的项目的单价来代替。

（2）合同的工程量清单中没有项目和将要变更工作的工程项目适合时，在一定的范围内，可以参考类似项目的费率或者单价，由监理人和承包人共同协商之后决定项目变更后的费率和单价。

（3）合同的《工程量清单》中没有项目的费率和单价给将要变更工作的工程项目的作为参考时，应该由发包人和监理人共同商定新的单价或者费率。

3. 处理因承包人的责任导致的变更的原则

（1）如果工程施工中有需要，承包人可以据此向监理人要求变更合同里的某项工作，此时承包人应该提交一份详细的变更申请报告，监理人以技术上可行和经济合理为标准进行审批，即按照新的价格为承包人结算。如果技术上可行，并且能确保原工期，但经济不合理，超过部分由承包人自行承担。如果没有得到监理人的同意，承包人不能擅自作出变更。

（2）变更建议被采纳的条件是，该变更的要求是合理的，和发包人商议后方可采纳，经监理人发出该决定后才能实施变更。发包人可适当给予奖励。

（3）如果变更是因为承包人违约或者是其他承包人导致的，如工程费用增加、工期延误，这部分责任由承包人承担。且为保证施工按期完成，承包人必须适当赶工，补上延误的工期。

（三）变更工作程序

当监理人认为工程的形式、质量等需要做出改变时，有确定费率和指示承包人做出这种变化的权利。其变更的过程如下。

（1）监理人发出变更指示。在工程发包人的授权范围内，只要监理人认为更改是有必要的，就可以及时对承包人发出变更指示。指示的内容不仅包括变更的处理原则，还包括需要变更的工程项目的具体更改内容、变更的工程量、施工技术标准、质量要求、工程图纸及相关文件等。

（2）承包人对监理人指示的变更处理原则抱有不同的建议或者疑问时，可以在收到指示后，在规定的时间范围内（一般为1周）告知监理人，监理人在收到告知后也应该在一定时间范围内（一般为1周）与发包人和承包人进行三方商议之后，以书面形式将处理结果回复给承包人。

（3）承包人应该准备一份包括承包人已经确认的处理变更的原则、变更的工程量、变更项目的新报价单等内容的变更报价书，在收到监理人的变更指示后的规定时间内（一般为4周）提交给监理人。若有必要，监理人可以要求承包人同时提交有重大变更的工程项目的具体施工措施，进度安排和单价分析等材料。

（4）监理人、发包人和承包人协商之后，对变更后的报价书进行审核，并作出变更的决定，然后在收到承包人提供的变更报价书后的约定时间内（一般为4周），将决定结果通知给承包人，并且以书面形式提供给承包人。如果发包人和承包人对此决定都没有反对意见，就按照这个决定执行变更。

（5）当发包人和承包人对于上述变更的决定持有反对意见时，两者有权在收到变更决定后的规定时间范围内（一般为4周），向争端裁决委员会提交此问题，申请裁决。在提交前，监理人的决定为暂时决定，承包人也要按此执行变更，若在期限内双方未提出上述要求，则将监理人的决定视为最终决定，对双方均有约束效力。

（6）在紧急情况发生时，监理人应当在不解除合同所规定的承包人的义务和责任的情况下，向承包人作出变更指示，要求承包人立刻变更工作，承包人应该立即执行。之后承包人应该根据变更提交报价书，在监理人、发包人和承包人协商之后，于一定时间内作出更改价格和调整工期的决定，并补发通知。

第五节　合同验收与工程保修

一、合同验收

合同验收是指承包人全部完成合同内容规定的任务后进行的验收。合同验收后，监理人签署工程移交证书，已完工工程的监管责任由承包人转移到发包人。

（一）合同验收的条件

承包人如果具备以下条件，就能够提交报告，申请验收。

（1）除了经过监理人的同意而被列为保修期限内完成尾期项目以外，已经完成所签合同规定的全部单位的工程及相关工作项目。

（2）已经将规定所需的符合合同要求的工程完结资料准备齐全。

（3）已根据监理人的要求，将保修期限之内实施的尾工工程项目清单及没有修补完成的缺陷项目清单，包括相关的施工计划编写完成。

（二）完工资料

① 工程项目实施的情况概要及发生的大事记录。② 已经完成且移交了的工程清单，包括所使用的工程设备。③ 永久工程的竣工图。④ 处于保修期限内且要继续施工的所有尾工工程项目的清单。⑤ 还没有完结的缺陷修复列表。⑥ 工程施工期间的观测数据及资料。⑦ 监理人指示应该列入完工资料的所有施工文件、施工期间的原始记录（包括图片、录像等原始资料），以及其他应该作为补充和添加的竣工资料。

（三）合同验收的步骤和内容

（1）监理人做好验收的准备工作。当合同规定的工程项目已经基本完成时，作为监理人应该在工程承包的负责人提交工程验收申请报告之前，组织好负责设计、运行、地质勘测等相关工作的人员对工程项目做出全面的检查和勘验，并且核对好即将提交的竣工资料等。

（2）工程的承包负责人提交附带完工资料的工程竣工验收申请。

（3）监理人审核承包人提交的验收申请报告。

（4）若监理人审核报告后发现工程仍然存在重大缺陷，应该在收到报告的 28 天内通知承包人，指明工程在验收之前，该工程需要完成的缺陷修复工作及其他工程要求，退回申请报告，拒绝或者推迟竣工验收，待承包人具备相关条件后才能重新申请。

如果监理人审核报告后对该工程项目和工作内容有异议或对报告有异议，那么应该在收到报告的 28 天内将提出的意见告知当事人。承包人应该在收到意见之后的 4 周内修改，并提交修改后的完工验收报告，直到监理人同意为止。

（四）合同的完工验收

若监理人在审核之后认为该工程已经具备工程完工验收的相关条件，则应该在收到报告后的 4 周内请工程的发包人进行工程完工验收，发包人应该在收到申请报告后的 8 周之内签署好工程移交证书，并颁发给承包人。证书中应该包含以下内容：监理人与发包人、承包人三方协定的工程的实际竣工日期，即工程保修期开始的日期。

二、工程保修

（一）保修期

从工程的移交证书中标明的全部工程完工日期开始算工程的保修期，保修期在合同条款中有规定（一般是 1 年）。在工程完成全部验收之前，若有发包人提前验收了的单位工程或者部分工程，但未正常投入使用，那么它的保修期也要按照全部工程完工之日开始算。

（二）保修责任

（1）在保修期内，承包人应该负责对没有完成移交的工程和设备进行全部日常维护和缺陷修复。而对于已经完成移交工作的工程和设备，其日常的维护由发包人负责，移交证书中列出的缺陷清单由承包人负责，直到监理人检验合格。

（2）在保修期内，如果发包人在运行过程或者使用设备时发现了新的缺陷或损坏，或者是已经修复的缺陷和部件又被破坏，那么承包人应该按照监理人的指示完成修复直到合格。监理人应该联合发包人和承包人一起进行检验。如果是由承包人在工程施工的过程中隐藏的问题或者是由承包人的错误造成的，那么承包人负责承担修复费用；反之则由发包人承担费用。

（三）保修责任终止证书

发包人或者由发包人委托监理人签署和发布的责任终止证书应该在工程保修期结束的4周后，颁发给承包人。另外，承包人应该按照监理人的要求完成缺陷修复，即使保修期已过，发包人也要在修复完成之后为承包人颁发责任终止证书。

第九章 水利工程建设项目管理创新

第一节 水利工程建设项目管理绩效考核

一、工程建设管理的目标与关联

建设项目管理工作包括在建设项目过程中进行的一系列管理活动，包括设定计划、组织协调、控制等，建设项目管理能够在存在限制因素的情况下使项目建设中的预定目标达到最优化。项目管理的关键是建设项目目标的掌握，以期使项目发挥出最大效能，实现应用便捷化、长效化。

（1）进度目标。进度，指的是建设的工期，对工期的把控是工程项目建设最重要的一环。在施工过程中，出现进度延误是非常严重的问题，由于进度延误而后期赶进度，会不可避免地造成人力、物力上的大量浪费，更有甚者会给施工过程埋下安全隐患；尤其在诸如截流、下闸水等关键节点，若因延误，错失最佳时机，工程投资效益会因拖延工期而受到直接的影响，无论是前期的拖延还是后期的盲目赶工，都会使投资者受到巨大的损失。

（2）质量目标。工程质量是关乎工程项目建设生死存亡的重要一关，取决于建设工作的品质，工程质量必须符合规范，同时满足设计和合同的要求。要实现工程质量目标，就必须抓住工程质量问题，不能马虎。在水利工程中，现行的建设项目管理体制较为完善，各部门协调工作，构成的质量管理体制由项目法人、监理单位、施工单位和政府部门共同协调把控，为水利工程质量问题的管控、项目质量目标的实现提供了根本保证。

实现工程项目目标的过程中需要协调进度目标、质量目标和投资之间的关系，顾全大局。注意目标间对立统一的关系，做到三者齐头并进，不可顾此失彼。

二、工程项目管理职责

工程项目管理要求以研究项目是否可行、决定投资为基础，对贯穿工程项目的勘测、施工前准备、施工期间及竣工验收等阶段采取整套操控、监管和评估措施，对合同、风险评估、信息管理等问题进行统筹规划，以保障工程目标的有效实现。

三、水利工程项目管理条件

水利工程中设立项目建设管理体制的目的在于对项目建设进行协调和运作，《水利工程建设项目管理规定（试行）》提出：水利工程建设需要注意两个方面的内容，一是在项目管理过程中，必须以基本建设程序为基准，二是在水利工程建设中要严格推行项目管理的各项制度，以保障水利工程建设的各项效益不受损失。

四、水利工程项目管理的分类

为保障项目实施的顺利完成，各部门对水利工程项目采取了全方位、多角度的管理方案。管理的类型取决于项目实施的阶段和主体。项目建设工程由项目法人进行全程管理，但由于存在专业上的局限，在工程的不同阶段还会有其他管理单位参与其中。在工程建设开始前的设计期间，会有专门负责设计的单位对工程进行设计项目管理，施工阶段则由施工单位进行施工项目管理，监理单位一般受项目法人委托，对工程项目进行建设监理。这些由不同部门进行的管理环环相扣，构成对某一项目的具体管理方案。

五、水利工程建设项目绩效考核相关注意事项

项目管理的实施是否具有实际效果、效果如何，并不是一纸空文就可以体现的。绩效考核是检测项目管理成效的重要途径。通过绩效考核，督促项目管理达成提高质量、降低成本、稳健发展的效果，是保障工程质量的合理化方式，其思路如下。

（一）注重项目的全过程统筹管理

项目管理过程环环相扣，不仅质量、进度、投资三大方面缺一不可，项目的寿命周期也至关重要。项目寿命周期指的是从项目初期提出建议书到竣工验收，期间的每个步骤，也就是项目的全过程。这些步骤的目的、特点及内容各有不同，既相辅相成又相互制约。项目统筹管理要求严格遵循项目实施过程中的秩序，只有这样，才能使项目顺利且稳健地推进。由此可见，对项目各阶段的统筹管理和规划尤为重要。

（二）建立健全管理中的绩效考核机制

绩效考核是管理个人行为、实现组织目的的最优方式，许多行业都通过绩效考核来进行管理，建立健全的水利部门项目管理机制也同样可以通过绩效考核的方式进行。定期绩效考核可以对参与工程建设管理的各个单位起到督促作用，通过具体评级实现更加精准的管控，保障设计、工艺、材料、工期、管理等方面的质量。

（三）绩效考核的内容

在工程建设中，绩效考核可以从以下几个角度实施。

（1）法人单位考核。考核是否按律执行建设程序和制度、进行招投标工作，包括工程质量、工程进度、工程资金、施工安全、施工资料等的考核。

（2）设计单位考核。对该单位是否具备资质、是否按规履行合同、是否廉政建设，以及对业务所包含的范围、设计水准及预后等方面进行考核。

（3）监理单位考核。除廉政建设、资质、从业范围等基础项目以外，还要对监理机构的人员构成、各项指标的控制和监测、监理资料的管理等方面进行考核。

（4）施工单位考核。除基础项目考核外，还需对施工的质量、进度和安全文明程度、施工资料及进行试验检测的水准进行考核。

（四）绩效考核的实施

1. 绩效考核准则的制定

绩效考核评判的结果需要确切的准则支撑，制定考核和评级的标准需要各部门协同努力，借助专业人士的力量，以相关方面的现行法律法规、标准范式为依据。

2. 绩效考核工作的开展

考核工作是实施绩效考核过程的中心环节，需要各级各类专业人才共同组成专家库，选择对应门类的专家对相关考核结果进行评定。水利工程部门要由水利行政主管部门负责考核工作的组织和开展，选取各个门类的专家构成考核组，采取多样化的考核形式，对项目各阶段的建设进行检验，力求达到良好的考核效果。

3. 绩效考核结果的生成

考核结果由考核组共同决定产生，对各部门单位分别生成考核报告，并提出现存问题和拟解决方案。考核结果要公开、公正、透明，以使水利工程建设部门的发展形成良性循环。水利工程具有复杂性、灵活性，就像世界上没有两片完全相同的叶子，水利工程也具有特殊性，因此在水利工程项目建设中，及时实施绩效考核对项目建设的管控和项目水准的提高具有重要作用。

第二节　灌区水利工程项目建设管理探讨

新技术的不断突破，加快了我国灌区水利工程的建设进程，提升了农业发展水平。虽然目前水利项目建设中存在部分问题，但工程建设规模与数量的扩大与增加十分可观，其中质量是权衡灌区水利工程建设成熟程度的标志，因此，加强项目建设管理对于促进我国经济社会发展、响应新时期水利工程建设要求至关重要。

一、完成灌区建设与管理的体制改革

应围绕以下三方面促进灌区管理体制的升级。

（1）创新建设单位内部人事制度，结合政策实现"定编定岗"。

（2）创新水费收缴制度。当前灌区归集体所有，因水费过低，长期保本或亏本经营，对灌区工程除险加固、维护维修产生限制，需要科学调整当前水费，改革收缴制度，提升水价，转变收费方式，以满足灌区"以水养水"的要求。

（3）加大产权制度改革力度，将经营权与所有权分离。例如，小型基础水利工程可以借助拍卖、承包、租赁、股份等方式完成改革，吸收民间资本，保证水利工程建设资金渠道的多样化，解决工程建设或维护资金不足的问题，促进农业可持续发展与产业良性循环。

二、参与灌区制度管理

（1）落实法人责任制度。推行项目法人责任制度是完成工程制度建设的基础，从法人项目组建角度分析，当前工程投资体系与建设项目多元化，并需要进行分类分组，最晚应在项目建议书阶段确立法人，同时加强其资质审查工作，不满足要求的不予审批。另外，法人项目责任追究过程中，应依据情节轻重与破坏程度给予处罚。

（2）构建项目管理的目标责任制。工程建设中关于设计、规划、施工、验收等的工作需要结合国家相关技术标准与规程进行。灌区通过组建节水改造工程机构，并将其作为负责项目管理的最高权力集团，设立一系列的职能部门，承担招标、办公、技术操作与研发、财务管理、设计、监理、物品制定与采购等不同职责，制定施工合同制度与监理制度，将责任分层落实。

（3）落实招投标承包责任制度。在工程建设完成前，施工项目中各个环节均需要完成工程认证程序。同时构建全面包干责任制度，结合商定工程质量、建设期限、责任划分签订合同，实现"一同承担经济责任"的工程项目管理制度。

（4）构建罚劣奖优制度，对于采用创新性工艺与材料、品质优良的工程项目进行嘉奖，对质量不合格、不符合国家规定、未达到技术标准的项目拒绝验收，发放重新建造或限期补建的批示，并严厉追责。

（5）落实管理和项目建设交接手续。需要及时办理管理设施与竣工项目的资产交接手续，划定工程管护区域，积极落实管理责任制。

三、项目施工管理

在项目工程建设中，施工管理是重点，因此灌区水利工程建设需要由具有经验和资质的专业队伍完成。专业建设队伍具备丰富的经验和资质，可以从容应对现场意外情况，能够保证建设过程的可控性。招投标承包责任制不仅能够审查投标单位的资质，还可以利用择优原则对承包权限进行发包。因此，承包方应结合实际情况，按照项目制定切实可行的建设计划，同时上报发包单位，依据工程进度调整施工环节。如果在建设中需要修改施工设计，应及时与设计人员沟通，经监理单位与设计单位同意后，由发包单位完成设计修改，要注意调整内容不可与原设计理念和内容相差过大。此外，借助监理质量责任制与具有施工经验的监理企业构建三方委托的质量保证体系，能够把控工程建设质量与工期。

四、工程计量支付与基础设施建设费用

（一）计量支付管理

工程计量支付制度是跨行业支付的管理理念，当前，灌区水利工程建设中一般采取计量支付制度。此方法可以在确保项目工程质量的同时结合建设进度与具体的工作量，以工程款支付为依据，通过计算工程量确定工程款项的总额。在实际施工中，建设单位可以通过建立专用的账户实现专款专用，并在工程结束后，立即完成财务决算，同时结合财务制度立账备查。

（二）基础设施使用费用管理

水利工程运行与维护的来源是水费，是确保工程基础设施正常运行的基础。在水费收缴过程中，需要明确灌溉土地面积，进而确定收缴税费。因此，水利工程的水费收缴需要减少管理与征收的中间步骤，克服用水矛盾，将收缴的水费结余部分用于水利设施建设与更新工作。

五、加强灌区信息化管理

（一）构建灌区水利信息数据库

数据库构建是灌区水利信息化建设的核心，项目信息化建设在数据传输、处理、应用中具有较大的优势，通过建立水利数据库对信息进行处理和存储是完成水利管理现代化的主要方法。因此，在构建水利信息库时，需要注意以下两方面：① 在分析数据库结构时，应充分了解灌区详情，水利信息的科学分类，将数据库理论作为依据，研发出合乎标准、能够实际应用的专业数据库，完善数据库的逻辑设计和物理设计；② 在数据库的具体使用过程中，应结合区域实际情况，通过录入功能将水利资料输入数据库管理系统，以此构建数据仓库，满足水利管理决策与工作需求。

（二）灌区水利信息数据库分类

灌区数据库大部分按照灌溉水资源的调配过程进行分类，此方法方便规划、十分专业。将灌区的属性信息存入基础数据库中，可以依据其物理属性构建多种类型的数据库，并分成若干数据表，用于存放各种数据，实现数据的分层管理与应用。一般灌区数据库需构建六大模块，包含分水数据库、输水数据库、取水数据库、测控数据库、管理数据库等。其中，分水数据库与输水数据库负责排水与供水模块；取水数据库负责管理存储水源的水资源和灌区建设信息；测控数据库管理存储反馈控制点、信息采集点与监测信息；管理数据库负责管理、存储项目建设行政办公信息。

（三）实现基础资料数字化

目前，我国许多灌区建设资料未完成数字化，大部分以照片、纸张等形式存储，信息化建设水平较低。由于灌区信息化建设属于系统工程，因此应保证信息采集、数据库建立、数据存储与应用的自动化过程。例如，某市通过建设数字水利中心，存储抗旱、防汛的灌区水利工程建设的数据、监控视频、分析演示、精准管理、视频会商等资料，进一步提升了区域水利建设的信息化管理工作水平。

（四）建设数据采集系统

数据采集系统主要用于灌区的水利信息采集，包括对区域内气象波动、渠道水草滋生、作物生长的实时情况、静动态数据的采集。静态数据能够达到基本稳定，固定不变的资料包含灌区工程建设资料、行政规划、管理部门；动态数据变化幅度较大，其内容包括灌区作物组成部分与种植面积，使用数据采集的方式，将采集到的信息存入数据库。水利建设中经常会遇到灌水水位增长、降雨、雨情资料等实时内容的更新，此类数据更新时间较短，通过人工采集方式无法实现数据库的信息化建设，因此需要结合计算机技术与自动化技术，实时、自动采集数据，构建灌区水利的信息采集系统。此外，建立灌区水利通信系统至关重要，其能够保证项目管理部门的相互交流与协调，可结合管理需要，构建各类通信和网络系统，从而实现灌区水利项目管理的现代化与自动化。

灌区水利工程项目是工程管理的主要内容，在实际工作中构建权利与责任一致的管理体系极为关键。因此，需要发挥管理目标责任制、招投标承包责任制、奖惩制度推进农业发展的积极作用，同时应结合区域优势实现灌区网络化管理，加强信息化建设，借助先进管理方式突出灌区水利工程建设的高效性。

第三节 水利工程维修项目建设管理

在现代化社会，水利工程是维护人们正常生活秩序的重要设施之一。水利工程是人们生活用水的基础保障，不仅关系到水电站的运行安全，而且对其运行质量产生重要影响。本节先对我国水利工程维修管理中存在的问题进行阐述，然后提出关于增强水利工程维修项目管理效果的措施和建议，旨在为我国水利工程发展提供参考和借鉴。

一、我国水利工程维修管理中存在的问题

（一）相关维修设备操作不当

维修设备的使用效果直接影响水利工程的图纸设计、维修设备安装和维修效果。在大多数水利企业中，维修人员受到的培训不足，或维修人员过于依赖实践经验，忽略专业知识，使精密的水利维修设备在维修过程中出现问题，导致维修结果误差大，设备后期保养不专业，这会大大减少设备的使用寿命、降低使用精确度，对后期水利设备维修

工作产生负面影响。

（二）维修人员专业素养不足

目前我国只有少数高校开设了水利工程维修项目管理专业，并且专业知识和教学实践水平不足，这种情况不利于我国专业水利维修管理人员的培养和发展。一些企业会选择其他技术类人员或者兼职人员进行水利工程的维修作业。这些人员往往不具备专业的维修知识，只经过简单的培训，未形成系统的维修实践体系。同时，专业维修人员的培养需要花费较长的时间和一定的资金，除了维修理论以外，还要进行大量的水利工程维修管理实践。

（三）维修工作管理不到位

水利工程具有特殊性，维修管理工作往往需要政府、社会和企业共同组织、实施、参与和管理，这增加了维修工作管理的难度。目前只有少数水利企业具有内部较为专业的维修监督部门。同时，大多数企业对于水利工程的质量管控只关注建设质量，往往忽视了后期工程维修管理的重要意义。除此之外，目前工程维修并未形成统一的维修管理标准和制度，不利于水利工程维修管理工作的开展。

（四）预算体系不完备

我国水利工程尚未形成完备的维修管理预算体系，这是影响水利工程发展的不利条件。原因如下：① 水利工程预算人员专业能力不足，未加强对水利工程维修预算管理的重视，因此在工作中出现了较多错误和问题，使水利工程预算不能与实际水利工程维修管理工作有效匹配；② 水利工程中的各个环节具有复杂性，使相应的水利工程预算实施较为困难，阻碍了水利工程维修预算管理工作的实施进程。

二、提高水利工程维修项目管理效果的措施和建议

（一）培养专业水利维修人才，提高水利工程管控力

从高校角度来看，可以与建设工程机构联合教学，共同培养水利工程方面的人才，增强在校学生的实践能力。企业可以大力开展水利工程相关知识的培训，提高在职工程人员的专业素养。相关人员要积极发现与探索水利维修中的问题，勤于思考，为同行提供更多经验。

（二）确立严格的水利工程维修规范

由于水利工程存在复杂特性，必须确立成体系的水利工程维修管理标准，比如：① 提供水利维修过程中的专业性指导员，提高水利工程管理效率；② 重视水利工程相关技术的研发，一切从实际出发，以经验为准则，制定体系化的水利工程维修设备登记标准、水利工程维修方案网络图标准、水利工程仪表参数标准等；③ 明确水利工程维修管理工作分工，具体工作具体落实，严格执行。

（三）普及自动化水利工程维修

自动化水利工程维修能够大大提高水利工程维修管理工作的效率，降低水利维修的

人力成本和经济投入，避免产生由人的主观能动性造成的水利维修误差，帮助水利建设企业开展精细化管理和考核。

（四）建立完善水利工程维修管理法治标准

根据时代发展需要，建立健全水利工程维修管理法治标准。比如，水利工程设备制造标准、水利工程质量监督标准、水利工程管理检查制度、水利工程包装监督管理标准等。通过制度帮助建设企业确立水利工程节能经济投入标准，提高掌控力度。

（五）科学、严格的水利工程维修预算管理标准

针对目前水利工程维修预算管理中存在的不足，有关部门应确立科学、严格的管理标准，力求形成完备的管理体系。比如，制定水利工程量化标准、水利工程维修设计图纸修改标准、水利工程维修施工标准、水利工程维修评价标准等。同时，可以对各项水利工程环节进行编码，加强对整体维修工作的把控力度。水利工程维修预算管理相关标准的建设不是一朝一夕就可以实现的，需要企业相关部门根据实际的预算过程，将制度一项项落实，不断优化和调整，保障标准与实际维修工作的匹配性。

第四节　水利工程建设项目的建造价格管控

管控水利建造价格的目的在于将项目成本控制在一定范围内，借此提升水利工程在经济层面和社会层面的效益。精准把控项目成本需经过精细的研讨，并进行全方位、宽领域的管理。水利工程的管理对项目的投资起着决定性作用，并深刻影响着项目的品质。

一、影响水利建造价格的原因

成本的控制已成为水利工作的重点之一，我国水利部门为控制成本投入了很多精力，但由于水利工程具有独特性，成本上的问题依然是重中之重。影响水利工程造价的因素有以下几点。

（1）设计方案问题。设计对于水利工程来说至关重要，设计计划的不合理对水利工程成本的规划会产生严重的不利影响。设计方案对成本的影响体现在设计方案的可行性上。设计方案不可行，就无法运用在后续的构建中；效果不理想，难免导致过度的财务消耗。另外，市场监管在水利工程造价问题上起重要作用。水利工程造价管理部门的管理方式需要改变，实行集中的、宏观的管理有助于提高水利工程造价管理的可控性。

（2）配额合理性问题。配额是否合理，直接影响水利工程建设的成本高低，影响工程预算的精确程度。配额不合理会导致工作混乱，无法正常分配工资和计算物料，无法计算设备投入和消耗，无法将成本加成与不可知因素结合进行分析和评估，也无法直观地体现工程所需的成本数额。

（3）支出统计问题。价格标准统一是建筑公司造价管理工作的常规核算方式，若所收费用和正在实行的施工方案有所偏差，就会产生问题。建筑公司要使项目成本与施工水平保持在同一水准，必须协调支出和预算的关系，控制单价。

（4）外在环境问题。外在环境是不可控因素，在节水工程建设中，恶劣的环境屡见不鲜，施工现场突发事件或异常现象使工程本身普遍存在较大难度，因此容易产生建材浪费或返工的问题，易导致超预算。

二、工程建造价格的管控

要想较好地控制工程造价，就必须提前准备投资评估报告。对市场行情的精准把控是管理和控制工程建造成本的先决条件。在造价管控方面紧跟局势、选择正确的方向能够少走弯路，因此，设立相关部门监督建设资金的流向非常重要。

（一）设计所需费用的管控

设计工程是水利工程建造的起始步骤，这一阶段的管控分为两部分。

（1）现场调查，设计部门在现场调查过程中不仅需要完成地质勘探、气象信息收集和人文调查，规避可能存在的风险，寻找设计的最优解，还需与成本部门紧密沟通，在最大限度保证功能需求实现的前提下，寻求与成本契合的设计方案，避免超支。

（2）细节把控，设计工作相对细致复杂，所以一定要注重细节，细节的严格把控能够保障项目品质和节约成本。

（二）施工所需费用的管控

施工造价是造价管理的核心。对施工现场的任何材料都要做到物尽其用，尽可能与设计方案贴合，避免建材和经费的浪费。

1. 优化升级施工团队

施工团队的水平对项目有着至关重要的影响，高质量、高水准、高素质的施工团队普遍具有分工明确、信息通畅的特点。选择优质的施工团队对建设成本的节省和建设质量的提高有长足的帮助。

2. 控制建材浪费

在节水工程的建设中，用于购买建材的资金占相当大的比例，项目工程的安全性与建材质量息息相关，各方必须严格管理把控。质量是购买建材首要考虑的问题，使用抽样检测的方法可以有效甄别建材的好坏，妥善处理和存放建材也能够有效规避浪费造成的超支风险。

（三）竣工阶段各项工程所需费用的管控

竣工环节是水利工程的收尾环节，也是造价管理的最终结算环节。相关部门将对建造期间所有的环节进行最终检查，并对成本进行核算，最后结算出的价格以货币形式支付给建造部门。在此过程中需要注意以下方面。

1. 各种费用

费用的征收应严格依照合同进行，按照费率规定统一换算各类非直接产生的费用。

2. 隐藏工程

水利工程竣工阶段往往存在难以检验的隐藏工程，这就需要妥善保存项目的相关资料，以防对后期管理和控制产生不利影响。

3. 设计变更

在水利工程建设过程中普遍存在对初期设计的调整，调整部分是否记录在案、是否产生额外成本都需要更严格的管控。若存在类似的情况，需注意费用的支付。

第五节　水利工程建设项目招投标管理

水利工程建设项目招标制度是为适应市场经济制度而生的。水利工程招标制度能够使市场主体之间更加平等、公正，使水利工程的建设更加高效。

一、招投标管理存在的问题

（一）标底合理性问题

设定项目标底需要严格遵守国家法规，然而，现在许多地区或部门因资金问题而将标底价降低到国家规定线以下，并且没有委托具备资质方进行标底编制，使得标底编制不符合规范，对项目建设产生负面影响。

（二）资质审核问题

招标人是否符合招标要求、是否具备足够资质，需要经过更严格的审核。若招标人没有足够的参与投标的资金，就会破坏项目建设的公平性，这种行为对投标人是极其不负责任的，可能会造成严重后果。

（三）组织评标问题

（1）招标的各阶段都可能因为人的主观能动性受到不可预见的影响，其中对评标分数的影响最为直观。

（2）在审查投标过程中，报价会对评委的判断产生影响，最终会对其他项目产生影响。

（四）准备工作问题

受诸如环境和气候等各种外界因素影响，许多工程项目不具备足够的工期，因此需要尽快完成招投标工作，这就使准备工作的时间不够充分。产生如文件编辑存在漏洞、打分项设置不合理、工程量列举缺项漏项等问题。

二、问题解决措施

（一）严格规范相关文件

水利工程建设的招投标工作需以《中华人民共和国招标投标法》为基准开展，并遵循相关规章制度。招标工作的前、中、后期要分别做好邀请及议标，按规招标，公平、公正、公开，不得违规招标，若出现违规则禁止开工。

相关部门在编制招标文件时，要明确阐述与工程相关的具体情况，包括时间、重点、质量等问题。同时，要严格制定竞标策略，作出承诺，及时修正不良现象，防止市场秩序受到扰乱。

（二）优化招投标流程

要求投标单位必备资质如下：① 能够依法独立享有民事权利、承担民事义务；② 企业自身条件符合项目招标要求；③ 企业履行合约情况良好；④ 拟派负责人接受审核并且合格；⑤ 符合我国相关法律法规对投标单位的要求，谨防地方保护主义及造假现象。

优化招投标流程，要求相关代理活动规范化、合理化。严格遵守回避机制，禁止有利益关系的行政部门和代理机构存在，保证招标代理机构与行政主管部门工作互不影响，严格执行市场准入准出制度，制定进行活动时的相关规定并保证实施，严明法律法规，对违法违规行为严惩不贷。

（三）建立健全评审体系

评标在招投标过程中占核心地位，要求在合理招标的基础上科学评标、规范评标。健全评审体系需要项目法人制定合理的评标方法，妥善实施评标管理，结合实际严格管控评标专家评审前培训，审核专家资质，在评标过程中灵活选取评标方式和评标人员，保证评审过程、机制及评审结果的公平性等。

总体来说，在水利工程建设中，建立健全的评审体系、实现招投标规则合理化能够对招投标的管理产生积极作用，为招投标的公平、公正、公开原则保驾护航。

参考文献

[1] 尹红莲,庄玲.现代水利工程项目管理[M].3 版.郑州:黄河水利出版社,2022.

[2] 陈忠,董国明,朱晓啸.水利水电施工建设与项目管理[M].长春:吉林科学技术出版社,2022.

[3] 杜辉,张玉宾.水利工程建设项目管理[M].延边:延边大学出版社,2021.

[4] 张长忠,邓会杰,李强.水利工程建设与水利工程管理研究[M].长春:吉林科学技术出版社,2021.

[5] 许永平,周成洋.水利工程建设项目法人安全生产标准化工作指南[M].南京:河海大学出版社,2021.

[6] 贾志胜,姚洪林,张修远.水利工程建设项目管理[M].长春:吉林科学技术出版社,2020.

[7] 束东.水利工程建设项目施工单位安全员业务简明读本[M].南京:河海大学出版社,2020.

[8] 张义.水利工程建设与施工管理[M].长春:吉林科学技术出版社,2020.

[9] 王立权.水利工程建设项目施工监理概论[M].北京:中国三峡出版社,2020.

[10] 宋美芝,张灵军,张蕾.水利工程建设与水利工程管理[M].长春:吉林科学技术出版社,2020.

[11] 孙祥鹏,廖华春.大型水利工程建设项目管理系统研究与实践[M].郑州:黄河水利出版社,2019.

[12] 姬志军,邓世顺.水利工程与施工管理[M].哈尔滨:哈尔滨地图出版社,2019.

[13] 周苗.水利工程建设验收管理[M].天津:天津大学出版社,2019.

[14] 初建.水利工程建设施工与管理技术研究[M].北京:现代出版社,2019.

[15] 刘明忠,田淼,易柏生.水利工程建设项目施工监理控制管理[M].北京:中国水利水电出版社,2019.

[16] 陈超,牛国忠,赖德铭,等.建设工程招投标与合同管理[M].北京:中国水利水电出版社,2019.

[17] 袁俊周,郭磊,王春艳.水利水电工程与管理研究[M].郑州:黄河水利出版社,2019.

[18] 谢悦城.水利工程建设项目管理模式的探讨[J].珠江水运,2022(17):81-83.

[19] 姜平屏.水利工程建设项目实施阶段的工程造价管理探讨[J].工程与建设,2022,36(4):1168-1170.

[20] 刘俊刚.水利工程建设项目招投标管理对策探讨[J].居业,2022(6):119-121.

[21] 李恢峰.基层水利工程项目建设管理的实践探索[J].湖南水利水电,2022(4):105-106.

[22] 潘新宇.农田水利工程建设项目设计阶段的造价管理[J].国际援助,2022(22):22-24.

[23] 王佩俭.水利水电建设工程项目管理及施工技术的创新研究[J].河北农机,2022(8):48-50.

[24] 冉君宜.重大水利工程建设项目档案规范化管理研究[J].云南档案,2022(2):62-63.

[25] 张金霞.基层水利项目工程建设资金管理及使用[J].今日财富,2022(18):97-99.

[26] 李云波,董泳,刘肖峰.水利工程监理的项目管理模型研究[J].水利科学与寒区工程,2022,5(10):178-182.

[27] 吕仲祥.水利工程建设质量管理分析[J].河南水利与南水北调,2022,51(10):77-78.

[28] 顾悦.水利工程建设与管理探讨[J].商品与质量,2022(30):22-24.

[29] 王东升.水利工程项目施工管理探析[J].科海故事博览,2022(9):73-75.

[30] 李文虎,杨培金.水利水电工程建设管理问题及对策[J].大众标准化,2022(9):74-76.

[31] 刘爱军.水利工程项目质量监督管理研究[J].模型世界,2022(24):91-93.

[32] 赵静.水利工程建设项目竣工决算研究[J].中小企业管理与科技,2022(13):55-57.

[33] 杨晶.水利水电工程建设过程资料规范化管理探讨[J].工程与建设,2022,36(6):1828-1830.

[34] 刘波,李绍芹.水利水电建设工程的质量检测管理[J].车时代,2022(2):77-78.

[35] 李高静.水利工程建设质量与安全监督管理[J].现代装饰,2022,507(10):172-174.

[36] 冯超.水利工程建设质量与安全监督管理要点分析[J].内蒙古水利,2022(9):63-64.

后　记

不知不觉间，本书的撰写工作已经接近尾声，颇有不舍之情。因为本书是著者在从事水利工程项目管理与建设研究数年后的一部投入大量精力、进行大量数据调研的作品，倾注了著者的心血。

水利工程是一个系统工程，环节多、内容复杂，而在水利工程建设中，项目管理是一项十分重要的工作内容。本书从我国水利工程项目管理与建设的实际出发，结合著者从事水利工程项目管理与建设的实践经验，对如何做好水利工程项目管理进行了深入探讨，对水利工程项目管理与建设进行了有益的探索与研究。

本书在创作过程中得到了社会各界的广泛支持，在此表示深深的感谢！还要感谢创作过程中给予帮助的诸位朋友，正是因为有了他们的不懈努力与精益求精的专业精神以及对著者的鼓励，本书才得以完成，呈现在读者面前。

著　者

2023 年 3 月